정원의 발견

◦ 오경아 ◦

작가, 가든디자이너. 방송작가로 활동하다, 2005년부터 영국 리틀컬리지(Writtle College)와 에식스대학교(The University of Essex)에서 가든 디자인을 공부한 뒤, 현재 속초에서 살고 있다. 2012년 한국으로 돌아와 가든디자인스튜디오를 운영하며 정원을 디자인하고 있다. 대표적인 가든 디자인 공간으로는 스타필드 위례, 부천, 부산 명지 등의 상업공간과 '한글정원', '도시정원사의 하루', 'Pot-able garden', 'seedbank garden' 등의 전시작품, 또 국립공원 명품마을 브랜딩 작업을 포함한 다수의 아웃도어 브랜딩 작업까지 정원 자체를 통합적으로 디자인하는 데 주력해왔다. 더불어 글을 쓰는 작가 활동도 이어가 정원에 대한 이해를 돕는 10여 권의 다양한 저서를 집필했고, 꾸준히 우수한 해외서적을 선정해 번역에도 참여해왔다. 모든 프로젝트 속에서 '정원은 보여주는 공간이 아니라 그곳에 사는 사람들의 삶의 철학과 생활이 녹아 있는 주거환경'이라는 가치를 심는 데 집중했고, 좀 더 나은 아름다움의 연출을 위해 다양한 분야의 예술가들과 협업을 지속하고 있다.

정원의 발견

1판 1쇄 펴냄 2013년 11월 15일
1판 11쇄 펴냄 2021년 8월 30일

2판 1쇄 찍음 2023년 4월 5일
2판 1쇄 펴냄 2023년 4월 25일

지은이 오경아

주간 김현숙 | **편집** 김주희, 이나연
디자인 이현정, 전미혜
영업·제작 백국현 | **관리** 오유나

펴낸곳 궁리출판 | **펴낸이** 이갑수

등록 1999년 3월 29일 제300-2004-162호
주소 10881 경기도 파주시 회동길 325-12
전화 031-955-9818 | **팩스** 031-955-9848
홈페이지 www.kungree.com | **전자우편** kungree@kungree.com
페이스북 /kungreepress | **트위터** @kungreepress
인스타그램 /kungree_press

ⓒ 오경아, 2013.

ISBN 978-89-5820-822-8   03520

정원의 발견

식물 원예의 기초부터 정원 만들기까지

오경아 지음

궁리
KungRee

정원의 시작은 가을이다

정원사의 계절은 봄, 여름, 가을, 겨울이 아니라 가을, 겨울, 봄, 여름으로 찾아온다. 새싹이 돋아나는 봄을 맞이하기 위해서는 가을에 시든 잎과 꽃대를 거두고, 흙을 일구고, 겨울잠에 들어가야 할 식물의 뿌리를 포근히 감싸주어야 한다. 이 가을의 준비 없이는 결코 봄이 오지 않고, 봄이 없으면 수풀이 우거진 아름다운 여름도, 풍성한 수확의 가을도 다시 맞을 수 없다. 그래서 정원의 시작은 식물이 성장을 멈추고 내년을 준비하는 바로 가을이다. 그리고 이것이 정원이 미래를 꿈꾸는 공간일 수밖에 없는 이유이기도 하다.

정원이 나에게 기쁨과 위안을 준다고 생각한다면 한 번 더 생각해보자. 정원이 사람에게 기쁨과 즐거움을 주는 것은 아니다. 그 정원을 꾸미고 관리하며 우리 스스로가 내면에서 즐거움을 느낄 뿐이다. 그 즐거움에 맛을 들이면 어떤 취미보다 중독성이 강하다는 것을 경험자들은 잘 안다. 그리스의 3대 철학자 중 한 분인 쾌락주의의 에피쿠로스는 자신이 설립한 사립학교의 이름을 '정원학교(School of Garden)'라고 명명했다. 인간의 가장 원초적인 즐거움을 찾는 일이 철학의 근본이라고 했던 그가 정원을 만들고 가꾸는 일을 통해 학생들을 가르쳤던 셈이다. 그만큼 원예의 즐거움은 원초적이다.

사람들은 묻는다. 왜 내 손만 닿으면 식물이 자꾸 죽어가는 것일까요? 식물을 단지 좋아하는 것만으로 원예의 노하우가 익혀지진 않는다. 무조건 물만 잘 준다고, 관심을 가졌다고 식물이 건강하게 자라줄 리도 없다. 원예는 과학의 공부다. 식물의 구조를 이해하는 일, 어떻게 식물이 그들의 방식으로 살아가고 있는지를 과학적으로 이해하지 않으면 결코 답을 찾을 수 없다. 결국 식물의 삶을 과학적으로 들여다보고, 그 원리를 잘 이해하는 일이 원예의 기초인 셈이다.

이 책을 썼던 처음의 이유는 나를 위해서였다. 식물을 어떻게 키우고, 가까이할 수 있는지를 정리하고 싶었고, 그걸 간직하고 있으면 문득 식물이 내 마음대로 되지 않을 때 겁먹지 않고 찾아보는 여유를 가질 수 있을 것 같았다. 그래서 실용적이고 다양한 원예의 방법들을 차곡차곡 담아내고자 노력했다. 또한 무엇보다 원예의 노하우를 알기에 앞서 우리가 꼭 생각하고 이해해야 할 정원의 역사와 의미, 식물의 이름이 왜 중요한지, 식물의 자생지를 이해하는 것이 왜 원예의 근본이 되는지, 정원의 바탕이 되는 흙을 이해하는 과정 등도 독자들이 쉽고 흥미롭게 접할 수 있도록 구성하고자 했다.

식물을 대신해 꽃을 피울 수는 없지만 정원사는 얼마든지 식물이 좀 더 건강해지도록 도와줄 수 있다. 그러나 여기에 쓰인 내용대로 심고, 관리했다 해도 식물은 여전히 죽을 수 있고 내 마음대로 안 될 가능성이 높다. 그것은 식물이 살아 있는 생명체이기 때문이다. 아무리 정원사가 애를 써도 식물 스스로 환경을 이겨내지 않으면 정원 가꾸기는 실패할 수밖에 없다. 그래서 이 책은 원예의 노하우를 전수해주는 책이라기보다는 초보 정원사가 식물과 흙 그리고 정원의 세계에 좀 더 가까이 다가가게 하는 길잡이 정도가 될 것이다. 어쨌든 우리가 가장 믿어야 할 것은 식물이다. 우리의 열망보다 훨씬 더 강한 의지로 식물들은 살려고 노력한다. 정원사는 그저 죽을힘을 다해 최선을 다하고 있는 이 식물들의 어깨를 다독여주는 정도일 뿐이다.

2013년 10월

오경아

정원 이야기

지극히 자연스러워 보이지만, 정원은 인간의 노력으로 함께 나란히 할 수 없는 식물들을 모아놓는 곳이기도 하다. 영국 로즈무어 정원(Rosemoor Garden)의 숲 속 정원, 수국이 피는 늦여름의 모습이다.

우리는 왜 정원을 만들까?

정원의 역사와 오늘날의 의미

인간, 자연을 향해 울타리를 치다

어쩌면 인간은 지구에 살고 있는 그 어떤 동물보다 알 수 없는 생명체일지도 모른다. 가장 논리적이고 과학적이지만, 다른 면에서는 그만큼 비논리적이고 말이 안 되는 행동을 하기도 한다. 우리가 정원을 만드는 것 역시도 그러할 수 있다. 정원은 자연을 사랑하는 인류가 자연을 향유하기 위해 만든 공간인 듯 보이지만, 실은 '자연으로부터 인간 스스로를 소외시키면서 시작된 문화'이기도 하다.

　인류가 정원 조성을 시작한 시기는 아마도 유목, 수렵의 삶을 멈추고 한곳에 정착을 하면서부터였을 것으로 추측된다. 이때부터 인류는 한곳에서 지속적으로 살아야 했으니 먹을거리를 해결하기 위해 무언가를 길러야 했다. 때문에 곡물이 될 식물과 과실수를 심었고, 여기에 관상을 위한 나무도 옮겨졌다. 식물을 키우기 위해서는 물이 무엇보다 중요하다. 그래서 연못을 만들거나 물길을 냈고, 더 나아가 식물을 심는 공간과 사람이 다닐 수 있는 공간을 구별하면서 자연스럽게 '정원'의 개념이 생겨났다.

여기서 정원의 중요한 특징이 부각된다. 자연 속에서 살았던 인간이 자연을 향해 울타리를 치고 스스로 만든 땅을 보호하려 하면서, 정원의 가장 큰 특징인 '담장이 쳐진 공간(fenced)'이 시작된 것이다.

덴마크의 화가 히에로니무스 보스가 15세기 나무판넬에 완성한 세 폭의 그림 〈쾌락의 정원(The Garden of Earthly Delights)〉 중 왼쪽 부분으로, 성서 속의 에덴동산 이야기를 뛰어난 상상력으로 표현한 보스의 대표작이다. 정원은 바로 이러한 상상력에서부터 시작되었고, 이런 연유로 가든 디자인이 태동하던 17, 18세기에는 화가 출신의 정원 디자이너가 많았다.

정원은 담장으로 둘러싸인 공간

신기한 것은 '정원'이란 단어의 어원이 동서양 모두 비슷하다는 것이다. 'garden (영어)', 'jardin(프랑스어)', 'garten(독일어)' 등 정원을 뜻하는 단어는 모두 그 뜻이 '담장으로 둘러싸인 폐쇄된 공간'인데, 정원을 뜻하는 한자의 '원(園)'도 상형을 풀어보면 그 의미가 이와 비슷하다. '園(원)'을 자세히 보면 큰 입 구(口), 그 안에 흙 토(土), 작은 입구(口), 그리고 옷 의(衣) 자로 구성이 되는데, 이 상형을 풀어보면 다음과 같다. (상형의 해석은 학자마다 조금씩 다를 수 있다.)

· 口(큰 입 구) :: 정원을 감싸고 있는 '담'을 상징.
· 土(흙 토) :: 대지 혹은 땅의 구성인 '흙'을 상징.
· 口(작은 입 구) :: 물을 담고 있는 '연못'을 상징.
· 衣(옷 의) :: 색상을 띠고 있는 식물, '꽃'을 상징.

더욱 흥미로운 것은 우리가 '낙원'이라고 번역하는 '파라다이스(Paradise. 고대 이란어에서 유래)' 역시 원래 의미는 '폐쇄되어 있는 공간'이라는 사실이다. 척박한 자연환경에서 살아야 했던 페르시아인들은 늘 풍요로운 정원을 꿈꿨고 그것이 수많은 식물과 야생의 동물이 함께 공존하는 공간, 즉 이상향으로 이어지곤 했다. 결국 '파라다이스'는 이상향이면서 정원이었고, 닫힌 공간이었다.

또 다른 예로 '에덴동산(The Garden of Eden)'을 생각해볼 수도 있겠다. 우리는 '동산'이라고 번역하고 있지만 원래의 의미는 '정원'으로, 에덴동산 역시 기독교에서 꿈꾸었던 이상향의 공간이었다. 그런데 성서에 따르면 이 에덴동산도 출입이 엄격히 통제되었던 닫힌 공간임을 알 수 있다.

그렇다면 '정원이란 무엇인가?'에 대해 이런 결론을 내릴 수 있을 것 같다. '정원은 인간이 꿈꾸었던 이상향의 닫힌 공간'이다!

정원은 자연스럽지 않은 공간이다?

가든 디자인을 배우겠다고 찾아오는 분들에게 나는 맨 처음 이런 질문을 던지고는 한다. "정원은 자연스러운 곳인가요? 아니면 전혀 자연스럽지 않은 곳인가요?" 이 질문에 반은 자연스럽다라고 하고 반은 아니라고 답한다.

식물, 바위, 물 등 자연의 물성을 최대한 이용하는 곳이 정원이기는 하지만 '정원은 지극히 자연스럽지 않은 공간'이다. 자연상태에서라면 절대로 나란히 설 수 없는 식물들이 이웃해 마주보고 있고, 나무들 역시도 정원사의 가위질에 잘리고 깎여서 절대 자연스럽지 않은 모양으로 살아가기도 한다. 진정 자연스러운 곳을 원한다면 '산'이나 '숲'으로 갈 일이다.

다만 우리나라를 비롯한 동양의 정원은 자연 자체의 모습을 정원에 그대로 모방하기를 즐겼다. 자연의 디자인이 인간이 만들어내는 예술보다 한 수 위라고 봤기 때문이다. 또한 세계 최초의 정원 조성법을 기록한 책으로 알려져 있는 일본의 『작정기(作庭記)』(11세기)를 보면 정원을 조성하는 방법을 자세히 적고 있는데, 특히 자연을 어떻게 모방할 수 있는지, 또 모방에 그치지 않고 그 안에 어떻게 수많은 상징과 표현을 전달시킬 수 있는지를 상세히 적고 있다. 자연스럽게 보이려고 했을 뿐, 자연 그 자체는 아니라는 말이 된다. 결론적으로 정원은 분명 '자연스러워 보일 수는 있으나 자연 그 자체가 아닌, 인간이 만들어낸 예술의 공간'이라고 표현하는 것이 적합하다.

하지만 그럼에도 불구하고 여전히 정원이 인간이 만들어낸 예술의 공간이라는 정

1504년에 조성된 이탈리아 비테르보 지방의 빌라 파르네세(Villa Farnèse) 정원. 서양에서는 인간이 만든 상징적 조각물들과 줄 세우고, 깎고, 다듬어진 식물들이 함께 어우러지며 완벽함을 이루는 것을 정원의 최고 미(美)로 꼽았다.

의가 다소 생소하다면 이탈리아의 르네상스(14~17세기)로 거슬러 올라가봐도 좋겠다. 종교가 모든 것을 지배했던 중세가 끝나고 인본주의가 부활한 르네상스가 찾아왔을 때, 당시의 철학자들은 우리의 삶을 '자연(nature)'과 '예술(art)'로 구별했다. 그리고 자연 그 자체는 인간이 손을 댈 수 없는 신의 공간(영역)으로 보았고, 대신 인간의 영역은 자연 속에 살고는 있지만 예술에 의해 향상된 공간이라고 여겼다[Nature improved by art. 야코페 본파디오(Jacope Bonfadio), 이탈리아의 인문학자, 역사가]. 그런데 이때의 예술의 정의는 매우 포괄적이어서 인간의 행위 자체를 의미하기 때문에 과학, 철학, 문화 등을 통칭한다.

artificial vs. natural

형용사인 'artificial(인공적인, 인간이 만든)'은 'art'에서 파생된 것으로, 그 뜻을 영어사전에서 찾아보면 대립어로 'natural(자연적인)'이 나온다. 이 어원은 르네상스 시대 이탈리아인들의 철학에서 비롯된 것으로 art를 인간의 영역, nature를 신의 영역으로 인식했던 것에서부터 출발한다.

제3의 자연

베르사유 궁전의 정원사이면서 자연과학에 조예가 깊었던 베르몽트(Abbé de Vallemont, 1649~1721)가 그린 '자연과 예술에 대한 호기심(Curiositez de la nature et de l'art)'이라는 제목의 목판화가 있다(18쪽 도판 참조). 영국의 정원 역사학자인 존 딕슨 헌트(John Dixon Hunt)는 이 그림이 바로 정원과 자연의 차이점을 그대로 보여준다고 자신의 책 『위대한 완성(Greater Perfections)』(1999)에서 주장했다.

우선 그림을 먼 곳부터 살펴보자. 그림 속에서 가장 멀리 있는 산은 인간의 손이 닿지 않은 자연 그 자체, 이것을 그는 '첫 번째 자연(First Nature)'이라고 했다. 그리고 그 앞을 보면 말을 이용해 흙을 갈고 있는 현장, 농지와 농부가 보인다. 곡물을 재배하기 위해 인간이 경작하고 있는 땅, 이것을 그는 '두 번째 자연(Second Nature)'으로 해석했다. 그리고 그림의 가장 앞부분에 있는 기하학적으로 쪼개놓은 공간, 분수를 설치하고 장식하는 등 인간에 의해 조성된 이 공간을 '세 번째 자연(Third Nature)'으로 구별했고, 이것을 바로 제3의 자연, 즉 우리가 조성하고 있는 '정원'이라고 보았다. 이는 서양인들이 자연과 정원을 어떻게 구별하고 있는지를 상징적으로 잘 보여준다. 자연은 인간의 손길이 미치지 않은 곳인 반면 정원은 인간에 의해 조성되고 꾸며지는 예술의 공간으로 본 셈이다. 그리고

동양의 정원에서는 자연의 모방과 함께 담장 너머로 보이는 산과 들과의 조화를 가장 큰 미(美)의 가치로 보았다. 경상북도 영양 서석지 정원의 가을 모습.

제1의 자연
인간의 손이 닿지 않은 신의 영역.

제2의 자연
장식이 들어가지 않은 순수한 경작지의 개념.

제3의 자연
인간이 담장을 치고 자신의 영역으로 만들어낸
예술 공간으로서의 정원.

예술과 자연의 두 여신
왼쪽 예술의 여신은 한 손에 지구본을
들고 있다. 당시 예술은 과학, 철학,
문학을 통칭하는 개념이었다.
반대편 다른 언덕에 누워 있는
여섯 개의 가슴을 가진 대지의 여신은
자연을 의미한다.

베르몽트의 목판화 〈자연과 예술에 대한 호기심〉.

이는 정도의 차이는 있지만 동서양 모두에서 나타나고 있는 정원 개념의 보편적 특징이기
도 하다.

우리가 정원을 만드는 이유

지금까지 '우리에게 정원이란 무엇이었을까' 그 정체성을 생각해보았다면, 이제는 '이런
정원을 왜 만드는 것일까?' 그 목적을 알아봐야 할 듯하다. 다른 동물들처럼 자연 속에서
그 일부로 살아도 되었을 텐데 인간은 인간만의 또 다른 자연, 정원을 기어코 만들며 살

아왔다. 대체 그 이유는 무엇일까?

영국의 정원 역사가 톰 터너(Tom Turner)는 자신의 책 『정원의 역사(Garden History)』
에서 우리가 정원을 만드는 이유를 크게 다음의 세 가지로 분류했다.

- 우리의 몸을 위하여(for the body).
- 특별한 목적(활동)을 위하여(for activity).
- 우리의 정신세계를 위하여(for the spirit).

예를 들면 우리 몸을 위한 정원의 대표적인 형태로 야채와 채소를 기르는 키친가든이나
약용식물을 키우는 약용식물정원 등이 있을 것이고, 특별한 목적을 위한 정원으로는 식물
원, 스포츠공원, 수목원 등이 있다. 우리의 정신을 위한 정원으로는 신전의 정원이나 사찰,
사원 혹은 개인 정원의 경우 명상 등을 목적으로 하는 정원을 예로 들 수 있다.

에피쿠로스의 정원학교

우리의 몸, 정신, 특별한 활동을 위해 정원을 만든다는 톰 터너의 분류는 우리가 정원을
만들고 있는 이유를 잘 설명해준다. 그렇다면 여기서 아주 오래전 정원의 첫 시작이 어땠
을지를 살펴보는 것도 우리가 정원을 왜 만들기 시작했는지, 그 이유를 아는 데 큰 도움
이 될 듯하다.

에피쿠로스(Epicurus, BC 341~BC 270)는 고대 그리스의 철학자로 당대 최고의 권위자
였다. 당시 그리스에는 요즘 식으로 말하자면 세 곳의 유명 사립학교가 있었는데 플라톤
이 세운 '아카데미(Academy)'와 아리스토텔레스의 '리시움(Lyceum)' 그리고 에피쿠로스
의 '정원학교(Garden School)'가 있었다. 주목할 부분은 우리가 흔히 '쾌락주의, 향락주
의'로 번역하는 'Epicureanism'의 창시자인 에피쿠로스가 세운 학교의 이름이 왜 하필이
면 '정원학교'였을까 하는 것이다.

에피쿠로스는 실제로 자신이 세운 학교에 채소와 허브로 가득한 키친가든(Kitchen
Garden)을 만들어, 이곳에서 매일 학생들과 식물을 키우고 흙을 돌보며 철학과 삶에 대
한 이야기를 나눴고, 이것이 바로 가장 큰 학습의 장이라고 생각했다. 에피쿠로스학파는
본능적 쾌락만을 추구했다는 오해를 많이 사고 있지만, 인간의 감정과 직관을 중시하며

일본 교토의 사찰, 료안지(龍安寺)에 만들어진 대표적인 젠가든(Zen Garden). '가레산스이(枯山水)'라고 불리는 자갈정원에는 선종 불교의 철학이 그대로 담겨 있다. 이 정원은 수도자들의 참선을 돕기 위한 정원으로 일체의 화려한 꽃이나 식물을 심지 않았고 자갈과 돌의 배치를 통해 우주를 표현했다. 터너가 주장한 정원을 만드는 이유 가운데 세 번째, 우리의 정신세계를 위해 만든 대표적인 정원이라고 볼 수 있다.

인간의 참 행복이란 무엇인가를 가장 많이 고찰했던 학파였다.

특히 에피쿠로스는 '흙을 돌보는 행위'를 무엇보다 중요한 학습의 하나로 여겼는데, 식물을 키우는 근본인 흙을 돌보는 일이야 말로 자연의 이치를 가장 잘 이해할 수 있고, 이를 통해 자연의 일부인 인간이 가장 행복해질 수 있다고 여겼다. 때문에 에피쿠로스 학파의 학생들은 그 어떤 과목의 공부보다도 가드닝(gardening), 즉 정원 일을 중요하게 배웠다.

이탈리아 티볼리에 위치한 빌라 아드리아나 유적지. 이곳은 에피쿠로스와 아리스토텔레스가 살았던 시대에서 300년 정도 뒤인 약 2세기경에 조성된 황제 아드리아누스의 별장 정원이다.

정원을 소요했던 소요학파

에피쿠로스만이 아니라 아리스토텔레스의 리시움도 정원과 깊은 관련이 있었다. 고대 그리스의 주거형태에는 사면이 건물로 둘러싸여 있는 뚫린 공간, 중정(court)이 나타난다. 이 중정 마당에 각종 과실수(올리브, 무화과 등)와 관상수를 심어 아름다운 정원을 만들었는데, 중정의 가장자리에는 건물에 딸린 회랑(기둥이 즐비하게 서 있고, 차양이 쳐 있는 복도 공간)이 있었다. 아리스토텔레스는 깊은 생각에 잠길 때나 제자들과 강론을 할 때 이 회랑을 함께 천천히 걸었다고 한다. '소요학파(Peripatetic school)'는 바로 여기에서 유래된 말로 아리스토텔레스를 따랐던 학파의 이름을 '걸어다니며 철학을 했던 학파'라고 한 까닭도 여기에 있다.

그렇다면 아리스토텔레스는 왜 이 회랑을 걸으며, 다른 의미로는 정원을 산책하며 철학을 했을까? 이는 에피쿠로스처럼 직접적이지는 않았지만, 정원이라는 곳을 교육의 장, 자연과 우주의 섭리를 배울 수 있는 공간으로 보았기 때문임에 틀림없다.

철학자 에피쿠로스는 자신의 집에 학교를 설립했는데, 사진과 같은 정원에서 직접 채소와 과실수를 키우며 제자들과 함께 정원수업을 했던 것으로 전해진다. 전통적인 19세기 방식으로 텃밭정원을 가꾸고 있는 영국 오드리 엔드 정원(Audley End Kitchen Garden)의 모습.

체육관이 정원이었다?

'체육관'이라고 번역되는 '김나지움(gymnasium)'의 원래 의미는 '학교'다. 오늘날의 공립학교라고 볼 수 있는데, 그래서 지금도 독일, 프랑스 등 유럽에서는 김나지움이 학교기관을 뜻하는 말로 쓰인다. 그렇다면 어떻게 학교를 뜻하던 김나지움의 의미가 체육관으로 변형되었을까?

'gymnasium'의 어원을 살펴보면 '벌거벗은(naked)'이라는 뜻이 들어 있다. 그 당시의 학교에서는 지성적인 교육뿐만 아니라 신체의 단련도 매우 중요한 공부여서 학생들은 육체를 단련하는 데 많은 시간을 보냈다. 육체를 단련할 때는 특별히 청년들이 모두 옷을 벗었는데, 그 이유는 우리의 신체야말로 신이 준 가장 큰 선물이라고 여겼기 때문이었다. 바로 여기서 '벌거벗은 청년들이 신체를 단련하는 곳'이라는 의미로 김나지움이 생겨났고 이것이 훗날 '체육관'으로 이어진 셈이다.

김나지움은 정원과도 깊은 관련이 있다. 신체를 단련시키려면 뛰고 달릴 수 있는 넓은 장소가 필요한데 바로 건물에 둘러싸여 있는 뚫린 공간 '중정'이 안성맞춤이었다. 바로 이 중정에서 달리기, 원반 던지기, 뜀뛰기 등 요즘의 올림픽 육상경기에 해당하는 운동이 이루어졌다. 여기서 주목할 것은 신체를 단련했던 이 중정을 빈 공간으로 두었던 것이 아니라 풀과 나무를 심어 정원으로 만들었다는 점이다. 훗날 김나지움의 이러한 중정 정원 양식은 성당의 건축 양식으로도 이어져, 중세 정원의 가장 대표적인 형태인 '클로이스터(Cloister. 수도원의 안뜰)'의 모태가 된다.

동양과 서양의 정원은 왜 다를까?

앞서 살펴본 것처럼, 동서양을 막론하고 정원은 자연 그 자체가 아니라 인간이 만들어낸 예술의 공간이었다. 그러나 서양이 좀 더 인간의 예술성과 창의성에 중점을 두었다면 동양(중국, 일본, 한국)은 '자연의 모방'이라는 사뭇 다른 길을 걷는다. 그렇다면 왜 동양은 서양과 같은 인위적(artificial) 형태의 정원보다는 자연의 모방(natural)이라는 정원의 형태를 발달시켰을까? 이 질문에 답을 찾기 위해서는 많은 철학적, 인문학적 고찰을 통한 비교가 우선되어야겠지만, 지형적으로만 생각해보자면 험난하고 척박했던 서양의 자연환경에 비해 동양의 자연이 훨씬 더 풍요로웠던 점에서 그 이유를 찾을 수 있다.

클로이스터(Cloister)는 중정의 공간으로 대부분 정사각형이나 직사각형의 형태를 이룬다. 유럽 정원의 전통은 바로 이 클로이스터에서 시작됐다고 볼 수 있다. 영국 아이포드 정원(Iford Manor Garden)의 클로이스터.

우선 중국, 일본, 우리나라의 산을 머릿속에 떠올려보자. 비옥한 산은 수많은 종의 나무로 빼곡하고, 풍성한 물은 폭포와 계곡을 이루며 그 안에서 사는 야생동식물은 자연의 풍요로움을 만끽한다. 자연 그 자체로 '부족함이 없는 완전한 이상향'이라고 볼 수 있다. 반면, 서양 정원의 태동지라고 여겨지는 페르시아와 지중해성 기후의 고대 그리스와 로마의 자연은 어떤가? 분명 동양의 모습과는 다르다. 그곳은 상대적으로 척박하게 벌거벗은 산과 사막이 등장한다. 결국 동서양의 이러한 서로 다른 지형적 조건이 철학적으로 상이한 자연관을 만들어냈고, 나아가 이 철학의 차이가 정원의 양식을 이토록 다르게 발전시켰다고도 볼 수 있다.

다시 말해, 동양인들에게 자연은 그 자체로 풍요롭고 아름다운 신성한 곳이었지만 서양인들에게 자연은 살기 어렵고 척박한 곳이었기에 울타리를 치고 인위적으로라도 풍요로운 터전을 만들어야 했다. 바로 이런 근본적으로 다른 지형적, 기후적 환경요인이 서로 다른 자연관을 만들고 이것이 정원에 있어서도 매우 다른 형태와 디자인을 이끌어낸 셈이다.

정원은 인간이 꿈꾸는 이상향의 공간이다

한국의 정원과 달리 중국과 일본의 정원은 유난히 담장이 높았다. 담장이 높았던 이유에 대해 중국인들은 세속의 찌든 때가 아름다운 정원으로 흘러들어오는 것을 막기 위해서라고 답한다. 그 세속의 찌든 때 속에는 담장을 넘어오는 밤손님도 포함됐겠지만, 어쨌든 우리가 정원을 만드는 이유에는 분명 우리가 꾸고 있는 꿈, 아름다움에 대한 이상향의 실현이 있다. 기독교의 에덴동산이 그러했고, 에피쿠로스의 정원, 페르시아인들이 꿈꿨던 파라다이스, 이 모두가 표현의 방법은 달랐지만 결국 누군가의 꿈이 만들어낸 이상향이었던 것처럼!

   그래서 아무리 도시가 발달해 더 이상 땅 한 뼘 갖기 힘든 상황이 와도 우리는 영원히 정원을 포기 못할지도 모른다. 정원을 포기하는 것은 결국 우리의 꿈과 이상향을 포기하는 것일 테니 말이다.

보길도의 세연정(洗然亭). 자연의 모방을 뛰어넘어 담장 너머의 자연과 소통을 이뤄내려고 노력했던 한국식 정원의 모습을 잘 담고 있다.

정원은 단순히 식물을 키우는 공간을 넘어, 인간의 건축 행위와 예술성이 포괄적으로 표현된 시간과 공간이 통합된 곳이다. 전라남도에 위치한 낙안읍성(樂安邑城)의 담장.

식물 이야기

정원은 식물 스스로 빛을 낼 때 가장 아름다워진다. 정원사는 식물이 가장 잘 자랄 수 있는 환경을 만들어 주는 사람일 뿐이다. 정원의 절정을 보여주는 초여름의 영국 히드코트 매너(Hidcote Manor) 정원의 화단.

모든 식물에게는 이름이 있다!

식물의 학명 이해하기

식물을 잘 키우려면?

식물은 물만 잘 주면 잘 살 수 있다? 맞다. 그러나 어떻게 물을 줘야 할까? 식물을 잘 자라게 도와주려면 우선 식물의 타고난 특성부터 이해해야 한다. 우리 가운데도 육식을 즐기는 사람이 있는가 하면 채식만 고집하는 사람도 있다. 물론 자신의 신념에 따른 선택도 있겠지만, 몸에서 특정 음식을 거부하기 때문일 수도 있다. 결국 채식 체질의 사람에게 매일 고기 반찬을 먹인다면 몸 자체의 거부 반응은 물론이고 탈이 나서 병이 드는 주요 원인이 될 것이 분명하다.

식물의 경우도 마찬가지다. 모든 식물이 하루에 한 번씩의 규칙적인 물 주기를 좋아하지는 않는다. 예를 들어 난과의 식물들은 대부분 물을 싫어해 한 달에 두 번 정도의 물 주기로도 그 양이 충분하다. 특히 일부 난의 경우는 아예 이끼나 나무껍질로만 화분 속을 채워줘야 하는데 이 또한 물을 싫어하는 난에 대한 배려 때문이다. 반면 상추나 허브, 바

모든 식물에게 똑같은 시간, 똑같은 물 주기를 하는 것은 일부 식물에게는 독이 된다. 식물은 물만 주어도 잘 성장할 수 있지만 식물을 사망에 이르게 하는 가장 큰 원인 중 하나도 바로 물 주기다. 그래서 물 주기는 정원 일의 가장 근본이면서 정확함이 필요하다.

질과 같은 식물군은 하루라도 물 주기를 빼먹으면 순식간에 시들어버린다.

한 번 상상해보자. 물 주기를 싫어하는 식물과 물을 무척이나 좋아하는 식물을 베란다에 함께 키우고 있다. 그런데 매일 이 식물들에게 똑같은 물 주기를 한다면 어떻게 될까? 결국 어떤 식물은 견디지 못하고 죽을 수밖에 없다. 가끔씩 듣게 되는 질문 중 하나가 "아니, 하루도 안 빼먹고 그렇게 정성껏 물을 줬는데도 결국 식물이 죽었어요"라는 하소연이다. 그런데 이 경우 가장 먼저 의심을 해봐야 할 상황이 과도한 물 주기다. 결론적으로 단순해 보이는 물 주기조차도 식물의 특징을 잘 파악하지 않으면 오히려 식물에게 해가 될 수 있다는 것을 잊지 말자.

하나의 식물에 붙여진 이름이 수백 가지

식물을 잘 알자. 그럼, 어떻게 해야 식물을 잘 알 수 있을까? 애완견을 집으로 데려올 때 우리는 어떤 종인지, 그 종의 특징이 무엇인지 등을 어느 정도 공부한다. 식물의 경우 역시 적어도 내가 데려오는 식물이 어떤 종인지, 어느 곳에서 자라던 식물인지, 꽃이 피고 지는 시기는 언제인지 등의 기초 공부가 필요하다. 그리고 무엇보다 식물에게는 저마다의 이름이 있다는 사실! 모든 식물에게는 전 세계가 공식적으로 부르는 이름이 있다. "내가 그의 이름을 불러주기 전에는 그는 다만 하나의 몸짓에 지나지 않았다"는 김춘수 시인의 말씀이 딱 맞다. 우리가 그 식물의 이름을 불러주기 전에는 그냥 많고 많은 식물들 중에 하나일 뿐이다. 이름을 불러주었을 때 비로소 그 식물의 정체성이 나타난다.

그런데 여기에 함정이 있다. 식물의 이름이 하나가 아니라는 사실이다. 똑같은 식물을 두고도 나라에 따라, 심지어 같은 나라에서도 지역에 따라 부르는 이름이 제각각이다. 이러니 한 식물을 두고도 같은 식물인지 아닌지, 그 구별에 엄청난 혼동이 생긴다. 이는 우리나라만의 문제는 아니어서 유럽의 경우도 중세에 발간된 식물도감을 보면 한 식물의 이름을 표기하는 데 무려 한 페이지 반을 넘기는 일이 비일비재였다. 예를 들면 "키가 30센티미터 정도의 하트 모양으로 생긴 잎사귀에 흰 점이 찍혀 있고, 분홍의 꽃이 대롱대롱 매달려 가을철에 피는 초본성 식물", 이런 식으로 식물의 이름을 밝혀야만 했다. 때문에 식물학, 분류학을 연구하는 사람들의 혼동은 이루 말할 수 없을 정도였고, 일반인들은 그 혼란이 더했다. 그러던 18세기의 어느 날, 이 혼동과 무질서를 깔끔하게 정리한 식물학자가 등장하게 된다. 그가 바로 스웨덴의 내과의사이며 식물학자였던 칼 폰 린네(Carl von Linné, 1707~1778)이다.

신은 만물을 창조했고 린네는 만물을 정리했다

칼 린네라고 불리는 과학자! 우리에게는 생물 분류학의 기초를 닦은 '식물학명 창시자' 정도로 알려져 있지만, 과학계에서 바라보는 그에 대한 평가는 사뭇 다르다. 프랑스의 철학자 장자크 루소는 그를 "이 지구에서 가장 위대한 사람"이라고 불렀고, 독일의 대문호 괴테는 그를 "문학의 셰익스피어, 철학의 스피노자"라고 칭할 정도였다.

　의사였지만 의학보다는 생물학에 관심이 더 많았던 린네는 1735년 세상을 뒤집어놓을 책 한 권을 발표한다. 바로 『자연의 체계(Systema Naturæ)』로, 이 책은 초판이 달랑 12쪽 분량의 작은 책이었지만 그 안에는 엄청난 연구 결과가 담겨 있었다. 바로 식물을 암술과 수술, 그리고 어떻게 수분을 맺는지에 따라 분류하고 거기에 맞게 식물의 이름을 지어주는 방식을 새롭게 소개했다. 하지만 이 책이 발표된 뒤 린네는 엄청난 비난에 휩싸였다. 여신의 아름다움에 비유되던 꽃을 감히 암술, 수술 등의 생식기로 분류한 데다, 수분 방법을 정밀하게 묘사해서 일명 3류 저급 식물학자라는 비난을 샀던 것이다. 그러나 이 비난은 3년이 채 지나지 않아 전 생물학계가 그 진가를 인정하며 수그러들었고, 사람들은 린네의 방식으로 지구상에 존재하는 식물과 동물을 분류하기 시작했다.

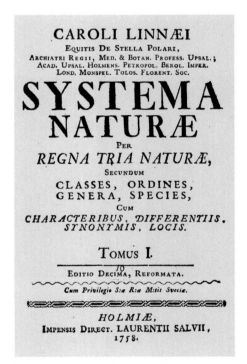

CAROLI LINNÆI
EQUITIS DE STELLA POLARI,
ARCHIATRI REGII, MED. & BOTAN. PROFESS. UPSAL.;
ACAD. UPSAL. HOLMENS. PETROPOL. BEROL. IMPER.
LOND. MONSPEL. TOLOS. FLORENT. SOC.

SYSTEMA NATURÆ

PER
REGNA TRIA NATURÆ,
SECUNDUM
CLASSES, ORDINES,
GENERA, SPECIES,
CUM
CHARACTERIBUS, DIFFERENTIIS.
SYNONYMIS, LOCIS.

TOMUS I.

EDITIO DECIMA, REFORMATA.

Cum Privilegio S:æ R:æ M:tis Sveciæ.

HOLMIÆ,
IMPENSIS DIRECT. LAURENTII SALVII,
1758.

칼 린네가 발표한 『자연의 체계』의 1758년 에디션 북의 표지.

린네의 식물 작명법

린네가 택한 식물의 이름 짓기는 우리의 작명법과 아주 유사하다. 예를 들면 이 글을 쓰고 있는 저자의 이름은 오경아다. '오'는 가족이름이고 '경아'가 본이름이다. 린네는 식물에 이와 같은 방법을 적용했다. 우리의 성에 해당하는 속(Genus)명으로 비슷한 부류의 식물을 통칭하고, 고유이름에 해당하는 종(Species)명으로 각각의 이름을 지었다. 아래 사진 속 식물의 이름을 우리나라에서는 '붓꽃'이라 부르고 영어권 국가에서는 '아이리스'라고 부르는데, 린네의 분류법에 의한 공식 이름은 'Iris sanguinea'이다.

식물의 공식 이름을 알고 있다는 것은 일종의 여권이 있다는 점과 비슷해서, 전 세계 어디를 가든 이 이름 하나로 같은 종의 식물을 매우 쉽게 찾을 수 있다. 바로 이 점이 흔히 '신은 만물을 창조했고 린네는 그 만물을 정리했다'는 평을 받고 있는 이유기도 하다.

┌─→ *Iris sanguinea* ←─┐

속명 (사람의 성에 해당)
*Iris*라는 속명은 그리스 신화 중 무지개 여신의 이름에서 따온 것이다.

종명 (사람의 이름에 해당)
*Sanguinea*는 '피' 혹은 '붉은색'을 뜻한다. 꽃을 자세히 살펴보면 꽃을 감싸는 부분이 붉은빛이고, 꽃 안에도 붉은빛의 실선이 있다는 것을 잘 알 수 있다.

(위의 설명은 보편적인 매우 간단한 식물의 작명법이다. 좀 더 자세하고 체계적인 식물 작명법에 대해서는 40~41쪽의 '식물학명 표기법의 4가지 원칙'을 참조하기 바란다.)

생소한 식물학명에 다가가기

린네는 식물과 동물의 이름을 지을 때 대부분 라틴어를 사용했다. 라틴어는 고대 로마제국 사람들이 사용했던 말로, 현재 이탈리아어의 전신이라고 볼 수 있지만 지금은 지구에서 사라져버린 죽은 언어다. 때문에 단어가 생소하고 읽는 방법도 정확하지 않다.

그런데 어려워 보이는 식물학명도 라틴어에 대한 기본상식과 함께 왜 그런 이름이 붙었는지를 알게 되면 좀 더 잘 이해할 수 있고 외우기도 한결 쉬워진다. 앞서 *Iris*의 사례에서 살펴봤듯이, 일반적으로 식물의 속명으로는 신화 속 신의 이름을 빌려 오기도 하고, 식물학자의 이름, 식물의 생긴 모양, 식물이 살고 있는 곳 등에서 힌트를 가져온다. 예를 들면 제라늄(*Geranium*)은 그리스어로 '두루미'를 뜻하는데, 꽃의 생긴 모양을 자세히 들여다보면 얼핏 두루미와 비슷하다는 것을 눈치 챌 수 있다. 또 캄파눌라(*campanula*)는 라틴어로 '종'을 뜻하는데, 이것은 꽃의 모양이 꼭 종을 닮아 있어서 붙여진 이름이다. 그런가 하면 베고니아(*Begonia*) 꽃은 마이클 베곤이라는 프랑스 출신의 캐나다 정치인의 이름을 땄다. 또 부겐빌레아(*Bougainvillea*) 역시도 루이스 드 부겐빌이라는 프랑스 탐험가의 이름에서 유래한 것이다.

이름을 알아야 식물이 보인다

식물의 이름을 아는 것이 정말 중요할까? 중요하지 않을 수도 있다. 식물학자도 아닌데 모든 식물의 이름을 줄줄이 외울 일도 아니고, 또 식물의 이름을 모른다고 식물을 키우지 못할 것도 없다. 하지만 "아는 만큼 보인다"는 우리 속담처럼, 식물의 이름을 정확하게 알고 있다는 것은 그만큼 식물에 대한 지식과 관심을 말한다. 이는 분명 식물을 키울 때 큰 도움이 된다.

재미있는 예가 있다. 일반적으로는 우리는 고구마와 감자를 참 비슷하게 본다. 흙 속에 알뿌리를 달고 있으니 비슷해 보일 만도 하다. 그런데 두 식물은 전혀 다른 속의 식물이다. 고구마의 학명은 '*Ipomoea batatas*'이고, 감자는 '*Solanum tuberosum*'이다. 오히려 고구마는 나팔꽃과 속이 같고 감자는 가지와 같다. 결론적으로 나팔꽃과 고구마가

▌귤과 식물들의 세밀화와 고유의 식물학명. 식물학명은 보다 정확하고 빠르게 식물의 정체성을 파악할 수 있게 해주는 키워드다.

나팔꽃을 그대로 닮은 고구마꽃(왼쪽). 같은 속명을 지니고 있는 가지(가운데)와 감자(맨 오른쪽)는 그 꽃이 매우 흡사하다.

같은 집안이고, 감자와 가지가 같은 집안 식구인 셈인데 그 이유는 꽃을 보면 분명하게 알 수 있다.

지금으로부터 20년 전, 영국의 한 식물관계자가 일본을 포함한 동양의 여러 나라를 방문한 뒤, 이런 칼럼을 썼다. "일본의 경우 식물 시장에 나온 식물들이 정확한 명찰을 달고 있어서 식물을 식별하는 데 별 문제가 없었다. 그러나 그 외 나라들은 식물의 명찰을 확인할 길이 없어 연구를 지속하기 힘들었다." 이 이야기는 현재 우리나라의 식물 재배와 관리 수준을 그대로 보여주는 게 아닐까 싶다. 일본의 식물 시장에 가보면 작은 화분에 담긴 식물에도 명찰이 달려 있고, 그 명찰 안에는 식물의 공식 학명이 정확하게 적혀 있어 누구라도 쉽게 식물에 대한 정확한 정보를 알 수 있다. 이제 우리도 서둘러 식물들의 이름을 제대로 불러줄 수 있는 정원 문화의 기초를 마련해야 하지 않을까. 이것이 식물에 대한 제대로 된 사랑, 그 첫걸음일 것이다.

식
물
이
야
기

모든 식물에게는 전 세계가 똑같이 불러주는 공식적인 식물학명이 있다. 식물의 학명을 알고 있다는 것은 그 식물에 대한 정확한 관련 지식을 수집할 수 있다는 뜻이어서 식물 공부의 기초가 된다.

❋ 식물학명 표기법의 4가지 원칙

영어로 'Scientific name'인 학명은 각각의 식물에게 붙여진 고유의 이름으로 전 세계가 같은 이름을 사용한다. 또한 식물의 작명법을 개발한 칼 린네가 식물의 모든 이름에 라틴어를 사용했기 때문에 흔히는 '라틴학명'이라 불리기도 한다. 문제는 이 라틴어가 이미 사라져 버린 언어여서 어떻게 읽는지 그 발음법이 제대로 남아 있지 않다는 점이다. 좀 더 쉽게 접근을 하자면 어떻게 발음을 한다고 해도 크게 잘못될 게 없고, 식물의 이름을 기억하는 것이 중요하지 발음에 대해서는 크게 신경을 쓰지 않아도 된다. 다만 식물학명을 읽을 때의 몇 가지 원칙을 알고 나면 훨씬 더 쉽게 식물학명을 이해할 수 있다. 다소 생소하고 읽기조차 어려운 식물학명은 어떻게 읽고 외우면 좋을까?

1 · 야생의 식물 이름 표기법

Nymphaea alba

- 야생의 식물은 위와 같이 대부분 속명과 종명, 2개의 이름으로 표기된다.
- 속명은 반드시 대문자로 시작하고, 종명은 소문자로 표기한다(밑줄 친 부분 참조. 종명의 첫 알파벳은 소문자로 시작한다).
- 속명과 종명은 모두 이탤릭체로 쓴다.

2 · 재배종의 식물 이름 표기법

과학기술이 발달하면서 인간에 의해 새로운 재배종이 탄생을 하는 사례가 많아지고 있다. 자연상태 그대로가 아니라 인간에 의한 접목이나 인공수분 과정 등을 통해 만들어진 재배종은 일반적으로 다른 표기법을 갖는다.

Nymphaea gigantea '*Albert de Lestang*'

- 속명과 종명 뒤에 재배종 고유의 이름이 더 붙는다(밑줄 친 부분이 고유이름).

- 재배종 고유의 이름은 보통 재배자 자신의 이름 혹은 재배자가 붙인 특정 이름이 붙는다.
- 재배종의 이름은 작은따옴표를 달아주고 대문자로 시작한다.
- 모두 이탤릭체로 쓴다.

3 · 교배종의 식물 이름 표기법

Ulmus x hollandica 'Dampieri'

- 속명과 종명 사이에 영어의 알파벳 *x*가 붙게 되면 속이 서로 다른 식물이 수분을 이뤄 새로운 재배종이 탄생한 경우다.
- 이런 경우는 흔히 잡종교배종 혹은 영어로 'Hybrid'라고 부른다.
- 관상용으로 뛰어나게 예쁜 식물의 경우 이런 잡종교배일 경우가 많은데 주의할 점은 잡종교배종의 경우는 씨를 통해 유전이 되지 않기 때문에 다음 해에는 같은 색상의 꽃을 피울 수 없다. 대신 부모 둘 중 하나가 두드러져 다른 모습으로 나타난다.

4 · 자연상태에서 이루어진 교배종 식물의 이름 표기법

x Cupressocyparis leylandii

- 위의 경우처럼 *x*가 속명과 종명 사이에 등장하지 않고 맨 앞에 위치하는 경우는 인간에 의한 인위적 재배가 아니라 자연상태에서 속이 다른 두 식물이 수분을 이뤄 새로운 식물이 탄생한 경우다.

이와 같이 식물의 이름 안에는 식물의 고유 특징이 잘 담겨 있다. 때문에 식물 이름을 제대로 기억하는 것만으로도 식물을 좀 더 잘 이해할 수 있는 중요한 단서가 된다.

모든 식물이 똑같은 수명을 갖고 태어나지는 않는다. 수백 년을 사는 식물도 있지만 1년 안에 생을 마감하는 식물도 있다. 식물의 생명주기를 파악하는 것은 식물을 이해하는 첫 번째 단추다.

식물의 삶과 죽음을 보다

생명주기에 따른 식물의 분류

식물, 저마다의 타고난 성품대로

정원 일은 살아 있는 식물과 함께하는 일이라 변수가 많다. 같은 식물이라고 해도 어떤 지역에 심는지에 따라 성장이 달라지는 것은 물론이고, 같은 지역이라고 해도 옆 집, 앞 집, 우리 집의 환경이 달라서 똑같이 심었다고 해도 우리 집 나무만 죽을 수도 있다. 게다가 식물에게도 체질이 있어서 요구하는 환경도 제각각이다. 그러니 이 제각각인 식물의 특징을 다 암기하고 요구를 맞춰주는 일은 어렵고도 힘든 일이다.

하지만 세상의 모든 식물을 다 알기 어렵고, 전문가 아닌 이상 그럴 필요도 없다. 다만 적어도 우리 집 정원에 데려오고 싶은 식물이 있다면 그 식물에 대해서만이라도 어떤 특징을 지니고 있는지 정도의 공부는 해두는 것이 좋다.

식물의 특징 이해하기

그렇다면 식물들은 모두가 천차만별 다르기만 할까? 우리 인간이 저마다 다른 성품과 얼굴을 지니고 있듯이 식물도 모두 다르다. 하지만 우리도 백인종, 황인종 등으로, 또 어느 나라 사람인가로 어떤 공통분모에 의해 그룹으로 분류되듯이, 식물들도 비슷한 특징으로 군(群)이 묶이고, 그 묶인 그룹은 대체로 비슷한 특징을 갖는다. 재미있는 점은 이런 분류 작업을 하다 보면 비슷하다고 생각했던 식물이 의외로 서로 너무 멀다는 사실도 알게 되고, 때로는 반대로 전혀 다른 줄 알았던 식물들이 사촌지간인 것도 발견하게 된다. 그렇다면 어떤 공통분모를 통해 식물을 그룹으로 묶어 분류하고 정리할 수 있을까?

식물의 분류 1 | "월동할 수 있나요? 없나요?" – 식물의 생명주기에 따른 분류

본격적으로 정원 공부를 하기 전, 식물 시장에 갈 때마다 꽃집 주인에게 내가 가장 많이 했던 질문 중 하나가 바로 "이 식물, 월동(越冬)할 수 있나요?"였다. 그 의미는 올해뿐 아니라 내년에도 똑같은 식물을 볼 수 있느냐는 것으로, 아주 막연하기는 했지만 식물 중에는 겨울을 보낸 뒤 다음 해에 다시 싹을 틔우는 것도 있지만 그렇지 않은 식물도 있다는 것을 알고 한 질문이었다. 이렇듯 월동할 수 있는가, 없는가로 식물을 분류하는 방법은 식물의 생명주기가 분류 기준이 되는 것으로 크게 1년생 식물, 2년생 식물 그리고 다년생 식물이 있다.

| 1년생 식물(Annual plants) |

- 봄에 싹을 틔우고, 여름에 꽃을 피우고, 가을에 씨를 맺고, 겨울이면 생명을 다하는 한해살이 식물이다. 때문에 뿌리가 생존하지 않고 죽어 다음 해에 같은 뿌리에서 다시 싹을 틔우지 못한다.
- 대표 식물로는 피튜니아, 펠라고니움(일부), 봉숭아, 베고니아 등이 있고 우리가 먹는 채소류로 토마토, 감자, 상추, 수박 등이 있다.
- 만약 1년생 식물임에도 불구하고 다음 해에도 심었던 자리에서 똑같은 식물이 자라는 것을 본 적이 있다면? 이는 해당 식물의 씨가 땅에 떨어져 다음 해 봄, 새롭게 싹을 틔운 것이지 같은 식물이 1년 주기를 넘어 생존한 경우는 아니다.

| 2년생 식물(Biennial plants) |

- 첫해는 초록의 잎만 나온다. 그 후 겨울을 지나 다음 해 봄이나 여름이 되면 그제야 꽃을 피운 뒤 씨를 맺고 생명을 다한다.

- 2년에 걸친 생명주기를 지녔다고 해서 2년생(두해살이) 식물로 분류된다.

- 대표 식물로는 양파, 파슬리, 패랭이꽃(일부), 당근 등이 있다.

| 다년생 식물(Perennial plants) |

- 여러 해를 사는 식물군. 봄에 싹을 틔우고, 잎과 꽃을 피운 뒤 씨를 맺고 죽는다. 그러나 그 뿌리는 살아남아 다음 해에도 다시 싹을 틔우고 꽃을 피우고 씨앗 맺기를 반복한다.

- 대표 식물로는 붓꽃, 백합, 수선화, 국화 등이 있다.

- 다년생(여러해살이) 식물이라고 해도 수명이 각기 다르다. 수선화의 경우는 70년까지도 살아남지만 대부분의 초본식물은 10년 내외로 그 수명을 다한다.

결론적으로 예쁜 꽃을 보려고 한해살이 식물을 샀다면 당연히 내년을 기약할 수 없다. 1년만 살도록 생명이 이미 정해져 있으니 우리가 아무리 간절히 원해도 여러 해의 삶을 살지는 못한다. 그런데 다행히 한해살이 식물의 대부분은 씨를 받아 뿌려주면 그

오이와 같은 채소류는 대표적인 1년생 식물군이다.

대표적인 2년생 식물인 파슬리.

돌담 위에 심어진 할미꽃은 뿌리가 그대로 남아 해를 거듭해 나오는 다년생 초본 식물이다.

튤립, 수선화 등은 최근 인간의 재배기술로 야생에서는 없었던 새로운 재배종이 무수히 등장하고 있다. 주의할 점은 인간의 인위적 수분방식으로 만들어진 재배종은 대부분 씨앗을 통해 유전되지 않기 때문에 다음 해에는 부모 중 한 개체의 모습이 두드러지게 나타난다.

자리에서 다음 해 똑같은 식물이 다시 싹을 틔운다. 그러나 이는 분명 지난 해 심었던 그 식물이 아니라 전 식물의 씨앗이 새롭게 피어난 경우다.

가끔 이런 하소연을 듣고는 한다. "우리 집 나무가 작년까지 20년 넘도록 정말 튼튼하게 잘 자랐거든요. 그런데 올해 갑자기 이유도 없이 죽은 거예요. 제가 뭘 잘못했는지 모르겠어요." 이 경우 관리를 잘못해서 식물이 죽었을 수도 있지만 어쩌면 나무 스스로 생명이 다해서 자연사했을 가능성도 높다. 우리가 갖고 있는 상식 가운데, 나무는 무조건 우리보다 오래 살 것이라는 생각은, 실은 오해다. 우리가 자주 접하게 되는 과실수의 경우, 사과나무는 35년에서 45년 정도를 살고 체리나무와 살구나무, 자두나무는 15년에서 20년 정도, 그리고 귤나무는 50년 정도를 산다. 그러니 우리 삶보다 평균적으로는 더 짧은 삶을 살다 가는 셈이다.

결국 모든 나무가 몇 백 년을 넘겨 고목이 되지는 않는다. 고목이 될 수 있는 수종은 따로 있고, 단명하는 삶을 타고난 나무는 순리에 따라 짧은 생을 살다 죽게 된다. 따라서 과연 우리 집 정원에 어떤 생명주기를 지닌 나무를 데려다놓은 것인지, 또는 데려올 것인지를 알지 못하면, 나무의 삶도 보이지 않고 이런저런 오해와 괜한 죄책감만 생겨날 수 있다.

식물의 분류 2 │ "줄기가 딱딱한가? 부드러운가?" – 목본식물과 초본식물의 분류

식물의 생명주기에 따라 한해살이, 두해살이, 여러해살이 식물로 분류하는 방식 외에 줄기의 모양을 보고 분류하는 방법도 있다. 바로 줄기가 딱딱한가, 부드러운가를 놓고 구별할 수 있는 초본식물과 목본식물이다.

│ 초본식물(Herbaceous plants) │

초본식물은 줄기가 딱딱하지 않고 부드럽다. 그리고 그 줄기와 잎은 겨울이 되면 죽어서 사라진다. 초본식물 중에는 앞서 언급한 것처럼 1년생, 2년생, 다년생이 있다. 그렇다면 다년생 초본식물은 어떻게 겨우내 살아남아서 이듬해 다시 싹을 틔울 수 있는 것일까? 그 비밀은 땅속 줄기에 있다. 일반적으로 우리가 뿌리라고 오해하지만 실은 줄기가 부풀어서 생긴 알이 땅속에서 자라며, 식물은 그곳에 영양분을 담아두었다가 이듬해 봄이 되면 싹을 틔울 에너지로 쓴다. 대표적인 식물로 붓꽃, 달리아, 수선화, 튤립, 국화, 작약 등이 있는데 이 부풀어오른 영양저장소 알은 땅속에 살면서 자가분열을 한다. 그래서 땅을 파보면 알 옆에 작은 알들이 다시 번식해 있는 것을 발견할 수 있다. 물론 이 알들

을 쪼개서 다른 곳에 심어주면 똑같은 식물
이 자란다.

1년생 초본식물

- 초본식물로 줄기가 딱딱하지 않다.
- 한 해를 살고 삶을 마친다.
- 대표 식물로는 팬지, 피튜니아, 배추, 치
  커리가 있다.

2년생 초본식물

- 초본식물로 줄기가 딱딱하지 않다.
- 초본다년생 식물과는 달리 두 해를 살고
  삶을 마친다.
- 대표 식물로는 시금치, 당근, 양파가 있다.

다년생 초본식물

- 줄기가 딱딱하지 않고 일반적으로 풀의
  형태를 띤다. 키가 거의 1미터 미만이다.
- 겨울이 되면 잎이 사라지지만 다음 해 봄
  에는 같은 뿌리에서 다시 싹을 틔운다.
- 대표 식물로는 붓꽃, 튤립, 수선화가 있다.

루드베키아, 아주까리 등 1년생 초본식물로 구성된 1년생 꽃화단(annual flower
bed). 사진에서 보듯 이런 형식의 화단 조성은 영국 빅토리아 여왕 때부터 유행했
던 화단으로 꽃이 화려한 1년생 초본식물로만 구성된다.

다년생 초본식물로만 구성된 화단 구성. 키가 큰 보라색 버베나, 파란색 꽃의 베로
니카, 갈대, 흰색 가우라가 혼합되어 있다. 그러나 같은 종이라고 해도 재배종의
경우 다년생이 아니라 1년생의 삶을 사는 식물도 많다.

| 목본식물(Woody plants) |

목본식물은 줄기가 딱딱하고 겨울이 되면 잎은 떨어지지만(상록의 경우는 예외) 줄기는
그대로 남아 꽃눈과 잎눈을 지닌다. 목본식물군은 대부분이 다년생인데, 여기에서 다시
낙엽이 지는 목본식물과 겨울에도 푸르른 잎을 지니고 있는 상록식물로 구별된다. 목본
식물은 크기와 모양에 따라서 크게 교목식물(Tree), 관목식물(shrub), 덩굴식물(climber)
로 다시 분류된다.

교목식물

- 흔히 우리가 '나무'라고 부르는 식물군으로, 하나의 줄기가 지상에서 1미터 이상 올라와 잔가지를 뻗은 형태를 띤다.
- 겨울이 되면 잎을 떨구는 낙엽수와 겨울에도 푸른 상록수가 있다.
- 대표 식물로는 참나무, 자작나무, 은행나무, 소나무가 있다.

관목식물

- 식물의 중심 줄기가 지상에서부터 여러 개의 잔가지를 뻗으며 올라온 나무. 일반적으로 키가 작고 아담한 형태를 띤다.
- 겨울이 되면 잎을 떨구는 낙엽수와 겨울에도 푸른 상록수가 있다.
- 대표 식물로는 개나리, 진달래, 조팝나무, 회양목이 있다.

덩굴식물

덩굴식물은 스스로 서지 못하고 다른 식물이나 지지대를 타고 올라가는 습성을 지닌다. 덩굴식물 중에는 완두콩처럼 1년생 초본식물도 있지만 클레마티스(으아리), 등나무와 같이 다년생 목본식물도 많다. 덩굴식물이 지지대를 타고 오를 수 있는 방법은 매우 다양하다. 그중 대표적인 세 가지 방법을 소개한다.

1. 빨판을 이용한 방법: 줄기에 오징어의 다리에 붙어 있는 빨판과 같은 협착판이 있어 건물의 벽 등에 붙어 타오른다. (예: 담쟁이)
2. 줄기를 꼬아서 감는 방법: 줄기 자체가 유연하게 서로 꼬이면서 스스로 지지대 역할을 해 올라가며 자란다. (예: 등나무)
3. 줄기에서 별도로 나온 감는 선을 이용하는 방법: 줄기에서 스프링같이 꼬불거리는 덩굴손이 나와 주변의 지지대를 감싸며 올라선다. (예: 호박, 오이)

정원은 다양한 식물의 구성이 필수다. 다년생 교목, 관목, 초본식물과 화려한 1년생 초본식물 등 다양한 식물을 이용해 정원을 디자인한다면 훨씬 풍요로운 구성이 가능해진다. 네덜란드 헤엘빈크 힌로펜 후이스(Geelvinck Hinlopen Huis) 정원의 봄 풍경.

식물의 생명주기를 알면 정원의 모습이 그려진다

가든 디자이너로서 가장 많이 받는 질문 중에 하나가 "정원에 어떤 나무를 심어야 할지 너무 막막해요"라는 것이다. 이럴 때 나는 다음과 같은 방법을 권한다. 어떤 식물을 심을지 개별적인 식물 하나하나를 머릿속에 떠올리려면 더없이 어려워질 수도 있다. 그러므로 식물 하나하나가 아니라 지금까지 살펴보았던 식물군을 떠올려보는 것이 좋다. 예를 들면,

- 먼저, 키가 3미터 이상 되는 교목을 포인트로 한두 그루 심자.
- 그리고 울타리용으로 혹은 큰 나무 근처에 키가 2미터 미만인 관목을 서너 그루 넣어주고,
- 아치나 지지대를 이용한 덩굴식물로 정원의 포인트를 만들고,
- 만약 화려한 꽃이 가득한 정원을 원한다면, 여기에 키가 1미터 미만인 초본식물로 구성된 화단을 만드는데,
- 해마다 올라오는 다년생 식물로 70퍼센트를 채우고,
- 계절마다 바꿔줄 수 있는 1년생 초본식물로 나머지 30퍼센트를 할애하자.

이렇게 대략적인 식물군별로 큰 구성을 잡아본 다음 거기에 맞는 식물을 본격적으로 찾아보면 된다. 반드시 이 식물이어야 한다고 수집의 관점에서 고집할 수도 있겠지만, 원하는 식물을 시장에서 살 수 없다면 형태와 질감이 비슷한 다른 식물로 대체해도 괜찮다.

그리고 이러한 식물 구성으로 정원을 만들었다면, 이제 관리의 요령도 조금씩 보이기 시작할 것이다. 교목과 관목은 키가 너무 커져 우거지지 않도록 3, 4년에 한 번씩 가지치기(전지)를 해주고, 초본식물 화단은 다년생의 경우는 그대로 두어도 좋지만 1년생 식물의 자리는 해마다 새로운 꽃으로 바꿔주는 것이 좋다. 올해 노란 꽃이 피는 식물을 선정했다면 내년에는 분홍색 꽃이 피는 식물을 심을 수도 있다.

✳ 초본식물, 대나무 이야기

초본식물 중에는 예외적으로 나무보다 더 단단한 줄기를 지닌 대나무도 있다. 대나무는 갈대와 같은 벼과 식물(*Poaceae*)로 나무로 분류되지는 않지만 그 줄기가 나무만큼이나 단단하다. 더불어 대나무는 세상에서 가장 빨리 자라는 식물로도 알려져 있는데 보통의 경우 하루에 3~10센티미터 정도 자란다. 대나무의 또 다른 특징은 65년에서 120년 만에 한 번 정도 꽃을 한꺼번에

피우는데, 꽃이 핀 뒤에는 모두 죽는다는 것이다. 대나무가 왜 이런 독특한 성장방식을 가지고 있는지는 아직도 미스터리로 많은 과학자들의 연구 대상이기도 하다.

✳ 복제와 진화

튤립과 같은 다년생 식물은 씨를 심거나 알뿌리를 쪼개 심는 두 방법으로 번식이 가능하다. 그런데 이 두 가지의 번식법은 유전적으로 매우 다른 점이 있다. 예를 들면 알뿌리에 새끼 알뿌리가 생기는 것은 자가분열로 본체 식물과 그 유전자가 똑같다. 일종의 복제인 셈이다. 그러나 꽃이 진 뒤에 맺히는 씨는 자식과 같은 의미로 부모와는 다른 새로운 종이 생겼다고 봐야 한다. 때문에 알뿌리를 쪼개는 번식법이 안전하고 쉽기는 하지만, 유전적 결함이 생긴다면 수종 전체가 몰살되는 위험이 따르기 때문에, 씨를 통한 번식도 함께 이루어져야 식물의 진화가 가능하다.

식물의 자생지를 이해하는 것은 식물을 알아가는 첫 번째 관문이다. 모든 식물은 씨앗으로 태어날 때부터 자신이 사는 고향의 환경을 유전적으로 습득한다. 그래서 식물을 잘 키우기 위해서는 그 식물이 태어난 고향의 자연환경과 되도록 비슷한 환경을 만들어주는 것이 중요하다.

식물에게 고향은 어떤 의미일까?

식물의 자생지 이해하기

넌, 어디에서 왔니?

영국에 사는 동안 내가 가장 많이 들었던 질문은 "넌, 어느 나라에서 왔니?"라는 것이었다. 이름보다 먼저 내가 어느 나라에서 왔는지를 묻는 이유는 분명하다. 내가 어떤 사람인지를 파악하는 데 어느 나라 출신인지를 아는 것이 그 사람의 성격이나 문화적 환경, 특별한 경향을 이해하는 가장 빠른 판단의 기준이 되기 때문이다. 똑같은 질문을 식물에게할 수도 있다. 과연 이 식물의 자생지가 어디인가, 살았던 곳의 환경은 어떠했을까 하는 등이 식물을 이해하는 데 중요한 단서가 된다.

우선 이렇게 생각해보자. 내가 대한민국에서 왔다고 하면 대부분의 사람은 대한민국이라는 나라의 지리적 위치를 먼저 떠올릴 테고, 그다음 자신들이 알고 있는 정치적, 문화적, 경제적 상황을 종합적으로 판단해 내가 어떤 사람인지를 대강 짐작하고 판단한다. 이렇게 되면 내가 굳이 "나는 어떤 사람입니다"를 시시콜콜 말하지 않아도, 출신 국가 하나

지구에서 가장 큰 잎을 지닌 식물 중에 하나인 건네라(Gunnera)는 자생지가 브라질의 숲 속이다. 때문에 습기가 많고 기온이 22~29도인 곳에서 왕성하게 번식하고 추위에는 매우 약하다. 영국인들은 수백 년 동안 건네라를 영국에 정착시키기 위해 애써왔고, 드디어 특별한 월동방식을 연구하여 건네라 정착에 성공했다.

건네라의 큰 잎 수십 장을 덮어 일종의 텐트를 만들어주고, 그 위에 줄기를 꽂아 텐트가 겨울바람에 날아가지 않도록 덮어준다. 이 방식은 영국 정원사들 사이에 전해져 내려오는 전통 원예법으로 11월경에 이뤄진다.

로 그 사람의 중요한 특징을 이해하게 되는 셈이다. 이것을 식물에 도입해보면, 예를 들어 달리아(Dahlia)나 칸나(Canna)와 같은 식물은 자생지가 멕시코 인근의 열대지방이다. 멕시코의 기후를 떠올려보자. 뜨거운 태양과 바람, 비옥한 토양. 이런 기후를 자생지로 두고 있는 식물은 태어날 때부터 추위라는 것을 경험해보지 못한다. 그러니 추위에 약할 수밖에 없다. 이러한 습성은 씨를 가져와 다른 지역에서 싹을 틔운다고 해도 달라지지 않는다. 유전적으로 달리아의 씨에는 자생지에서 살았던 특징이 그대로 남아 있어서 그와 비슷한 환경이 아니라면 당연히 생존이 힘들어진다. 결국 달리아와 칸나를 우리나라처럼 겨울이 매섭고 추운 나라에서 키우고 싶다면, 보온을 철저히 해야 한다. 즉 추위가 오기 전 식물의 뿌리를 캐두었다가 온실에서 보관한 뒤, 다음 해 봄 추위가 완전히 물러갔을 때 다시 심어주는 방법 등이 좋다.

정원사와 식물

식물에게는 스스로 걷거나 달릴 방법이 없다. 때문에 자신이 태어난 지역을 벗어나 이동을 하는 것은 온전히 사람과 동물에 의해서다. 그런데 사람들은 그 식물이 자랐던 자생지와 똑같은 환경 속에서만 그 식물을 키우고 싶어하질 않는다. 열대식물을 온대기후에서도 키우려 하고, 추운 북부에서 자라는 자작나무와 같은 식물을 아열대기후 속에서도 심고 싶어한다. 바로 이 과정에서 식물들이 환경을 이기지 못하고 죽는 경우가 발생한다. 사실 정원의 역사를 살펴볼 때, 정원사는 자생지를 떠난 식물이 환경을 이겨내고 잘 살

식
물
이
야
기

수 있도록 온갖 노력을 기울였던 사람들이기도 하다. 바로 이런 이유 때문에 아이러니하지만 정원사를 두고 지극히 '자연스럽지 않은 일'을 하는 사람이라 부르기도 한다.

식물의 한계점 파악하기

그렇다면 자생지를 떠난 식물이 다른 환경 속에서도 잘 자랄 수 있게 하는 방법은 무엇일까? 이 방법을 알려면 우선 식물들의 한계점(hardiness)을 알아두는 것이 필요하다. 정원사가 아무리 애를 써도 식물에게는 '이제 더 이상은 못 견뎌!'라는 지점이 있다. 예를 들면 영하 몇 도까지 견디느냐, 또는 어느 정도 더운 온도를 참을 수 있느냐, 어느 정도까지 비와 눈 속에서도 생존할 수 있느냐 등이다. 바로 이 식물의 '견디줌'을 영어로는 식물의 'hardiness', 우리나라에서의 용어로는 식물의 '내성'이라고 한다. 이 식물의 내성은 기후 중에서도 특히 온도에 큰 영향을 받게 되는데, 추위를 얼마나 견디느냐에 따라 크게 세 가지 식물군으로 분류한다.

봄철 잎보다 꽃을 먼저 피우는 목련도 대표적인 하디 목본식물 중에 하나다.

라벤더와 같이 지중해 지역이 자생지인 텐더 식물군은 추위가 사라질 때까지는 온실에서 키운 뒤 밖으로 내가는 것이 좋다.

하디 식물군(Hardy plants) – 내성이 매우 강한 식물군
영하의 추위를 견디는 것은 물론이고 이른 봄, 4~6도 이상이면 싹을 틔울 수 있다. 우리나라의 산과 들에서 자라는 자생의 다년생 목본식물군은 대부분 이 하디 식물군에 속해 있다.

하프하디 식물군(Half-hardy plants) – 추위를 이기지만 월동 대책이 필요한 식물군
하디 식물이 특별한 조치 없이도 영하 추위까지를 견디낼 수 있는 식물군이라면 하프하

자생지가 중국의 따뜻한 남부지방인 배롱나무(*Lagerstroemia indica*)는 남부지방에서는 겨울을 나는 데 문제가 없지만, 중부 이상에서는 가지를 싸주는 등 별도의 월동 조치가 필요한 하프하디 식물 중의 하나다.

디 식물군은 따뜻한 지역을 자생지로 두었지만 추운 겨울을 견딜 수 있도록 적응한 식물군이다. 그러나 이 군에 속한 식물들은 겨울을 날 수 있게 적응을 하긴 했지만 강추위를 이길 수는 없기 때문에 땅에 볏짚, 담요 등을 덮어주거나 줄기를 따뜻한 소재로 감싸주는 등의 특별한 월동 조치가 필요하다.

텐더 식물군(Tender plants) – 추위에 약한 식물군

대부분 자생지가 열대기후이거나 혹은 따뜻한 지중해성 기후인 식물들이 텐더 식물군에 속한다. 추위에 약한 이 식물군은 온도가 12도 이하로 내려갈 경우 성장을 멈춘다. 또 낮기온이 크게 올라가는 여름이라 해도 일교차가 클 경우, 밤 동안 온도가 12도 이하가 되면 그 영향으로 쉽게 죽는다. 추위에 매우 약하기 때문에 겨울에는 실내나 온실에서 관리를 해줘야 하고, 싹을 틔울 때에도 온실에서 키운 뒤에 추위가 완전히 풀리고 밖으로 옮겨 심어야 한다.

서로를 알아가는 힘

사계절이 뚜렷한 우리나라와 같은 온대기후는 다양한 식물을 키우는 데 양면성이 있다. 추운 지방과 더운 지방의 식물을 모두 키울 수 있는 장점이 있는 한편, 대나무가 더 이상 올라갈 수 없는 북방한계선과 자작나무가 더 이상 내려갈 수 없는 남방한계선이 있듯, 추운 지방의 식물은 여름철과 같은 환경에서 죽을 수 있고 더운 지방의 식물은 겨울철과 같은 환경에서 수명을 연장하기 힘들다. 때문에 자생지가 다양한 식물들을 우리 집 정원에서 즐기고 싶다면 각각의 식물에 따라 좀 더 세심하고 정성스러운 조치들이 필요하다.

열대식물군과 춥고 시린 것을 좋아하는 고산지대식물을 함께 심고 싶다면, 물을 주는 횟수도 달라야 하고 그늘에 가려줘야 할 식물과 햇볕을 하루 종일 받게 할 식물도 잘 구분하여 관리해야 한다. 처음 정원을 조성할 때부터 태생지가 비슷한 식물군을 함께 묶어 그 식물들끼리 서로 의지할 수 있는 환경을 만들어주는 것도 식물 스스로가 건강하게 잘 자랄 수 있게 하는 방법이 된다. 관련하여 서양의 온실 발달 역사에서도 살펴볼 수 있듯이(62~63쪽 '온실의 역사는 눈물겨운 과학의 역사' 참조) 기후의 한계를 극복하고 아름다운 정원을 가꾸기 위해서는 무엇보다 식물과의 끊임없는 교감과 알아감이 필요하다.

영국 그레이트 딕스터 정원(Great Dixter Garden)에 조성된 '열대식물화단'의 5월 중순 모습. 바나나무를 보호하기 위해 짚으로 감싸주었고, 아직은 추위가 가시지 않아 월동지푸라기를 제거하지 않은 상태임을 볼 수 있다.

✳ 온실의 역사는 눈물겨운 과학의 역사

열대식물을 사계절이 뚜렷한 온대지역에서 키울 수 있는 방법은 없을까? 이런 원초적인 관심과 노력이 '온실'이라는 독특한 정원의 영역을 발달시켰다. 그렇다면 온실은 언제부터 생겨났을까?

역사적으로 추적을 하자면 인류 최초의 온실은 1619년에 오렌지나무를 심기 위해 지어졌던 독일 하이델베르크 성의 온실이라고 알려져 있다. 이 온실은 벽체와 지붕을 탈부착이 가능하게 만들어서 더운 여름에는 나무로 만들어진 지붕과 벽체를 떼어두었다가 겨울이 되면 다시 설치하는 방식으로 사계절 열대과일을 길렀다.

온실의 역사는 유럽에서부터 시작되었는데 그 이유는 열대과일인 파인애플, 바나나, 오렌지 등의 열매를 수확하고 싶은 열망 때문이었다. 하지만 열대기후에서나 재배 가능한 식물을 가을과 겨울이 존재하는 온대기후의 유럽에서 키운다는 것은 결코 쉬운 일이 아니어서 온실 발달의 역사는 수많은 실수와 그 극복의 역사였다.

초기의 온실은 아직 유리가 발명되기 전이어서 기름을 먹인 종이를 사용했다. 기름종이는 물기는 밖으로 흘려보내지만 채광은 확보되기 때문에 따뜻한 볕에 의해 온실 안의 온도를 높일 수 있었다. 훗날 기름종이가 유리로 바뀌게 되었지만, 유리만으로는 겨울을 이기는 데 한계가 있자 온실을 덥히는 히팅 시스템을 개발하기 시작했다.

영국, 왕립식물원 큐가든의 온실, 팜하우스(Palm House)는 열대식물, 특히 야자수(Palm)를 키우기 위해 만들어진 곳으로 1848년에 완성되었다. 팜하우스는 150미터 떨어져 있는 발전소에서 열을 만들어낸 뒤 지하관을 통해 열기를 온실로 전달시켰다. 당시는 석탄을 태워 열기를 전달시켰지만, 지금은 프랑스 엔지니어였던 샤반이 개발한 방식을 이용해 지하관을 통해 뜨거운 물을 전달시킨다.

영국인들의 경우는 온실을 덥히기 위해 소나 말의 분(糞)을 이용했다. 소나 말의 분을 썩히면 열이 발생하는데, 바로 그 열을 이용해서 온실의 온도를 높인 것이다. 그러나 지독한 냄새가 큰 문제가 아닐 수 없었다.

이후 두 번째 단계로 개발된 가열 방법은 온실 안에 '스토브', 즉 난로를 두는 것이었다. 그러나 문제는 스토브의 열기가 온실 안의 공기를 목이 탈 정도로 건

팜하우스에서 바라본 발전소 굴뚝. 지하관은 호수의 밑을 통과해 팜하우스로 이어진다.

조하게 만들어 식물들을 말라버리게 했고, 또 나무나 석탄을 태우면서 발생하는 유독가스가 식물을 몰살시키는 일이 빈번했다. 결국 스토브도 실패했고 그다음 새롭게 도입된 히팅 시스템이 '스팀'이었는데, 이번에는 식물을 아예 데쳐버리는 효과로 식물이 죽는가 하면, 지나치게 많은 석탄을 소비해 역시 실패로 끝난다.

결국 오늘날까지도 가장 좋은 방법으로 여겨지는 것이 바로 '뜨거운 물 순환 시스템'인데, 이것은 물을 데워 수도관을 통해 온실 전체를 지나가게 하는, 일종의 물을 이용한 보일러와 비슷하다. 재미있는 것은 이 뜨거운 물 순환 시스템을 개발한 사람이 프랑스의 한 의사인데 그는 미숙아를 위한 인큐베이터를 개발 연구 중이었다. 그는 혈관에 피가 돌고 있는 현상에서 아이디어를 얻어 뜨거운 물을 돌려 인큐베이터를 덥히는 장치를 개발했고, 이것을 외과협회에 보고했다. 바로 이 의학보고서를 보고 엔지니어이자 사업가였던 샤반이, 이른바 중앙난방 온수 순환 시스템을 발명해 상품화시켰고, 이로 인해 온실은 커다란 혁신을 맞게 된다.

온실의 히팅 시스템은 지금도 연구가 계속되고 있고 하루가 다르게 발전하는 중이다. 때문에 아마도 10년 후쯤에는 더 획기적이고 편리한 온실이 우리 눈앞에 등장하게 되지 않을까, 기대를 가져본다.

흙과 거름 이야기

정원은 식물, 흙, 정원사가 함께 소통하는 공간이다. 그 안에서는 소리내지 않는 수많은 이야기가 오가며, 그 소통 속에 정원이 성장한다.

식물은 흙의 맛을 가린다

식물과 흙의 관계 이해하기

흙은 식물을 키우고 정원사는 흙을 돌본다

지구 전체가 인간의 몸이라면, 지표면을 덮고 있는 흙은 겨우 손톱 정도의 비율이라고 한다. 그야말로 흙은 홑이불 한 장 덮여 있듯 지구에 살짝 덮여 있는 셈이다. 그런데 이 얇디얇은 흙 층이 없었다면 지구상의 모든 식물은 생존이 불가능했다. 흙은 식물의 뿌리를 덮어주고, 보온해주고, 물과 영양분을 공급하여 식물이 살아갈 수 있는 생명의 원천을 제공한다. 사실 우리는 우리가 식물을 키우고 있다고 착각할 때가 있지만, 식물은 우리의 손길보다는 흙의 보호 속에서 자란다는 표현이 더 적합하다. 그래서 서양의 정원사들 사이에서 전해 내려오는 격언에는 "식물을 키우는 것은 흙이고, 정원사는 그 흙을 돌본다"라는 말이 있다.

흙의 성격 이해하기

지표면을 덮고 있는 거대한 암석 덩어리가 부서져 곱고 가는 알갱이의 흙이 된다. 그렇다면 이 암석 덩어리가 어떤 과정을 거쳐 흙이 된 것일까? 여기에는 크게 두 가지 요인이 있는데 1) 비, 추위, 바람 등의 물리적 원인으로 균열이 생긴 암석이 깨져 흙이 되는 경우(생물학적 방법), 2) 산성비가 내려 부식에 의해 알갱이가 분해되어 작아지는 경우(화학적 방법)가 그것이다.

그러나 원래의 암석 덩어리, 즉 부모 암석에 들어 있던 특별한 성분이 그대로 남아 있기 때문에 모든 흙은 그 구성물과 성질 면에서 똑같지 않다. 어떤 흙은 철분 성분이 강할 수 있지만 어떤 흙은 인이나 칼슘 성분이 많을 수도 있다. 뿐만 아니라 여기에 지형적인 조건이 더해져 바닷물과 접촉했는가, 또는 강가에서 축적된 흙인가, 고산지대의 흙인가

오랜 세월 동안 강물에 의해 암석이 쪼개져 만들어진 흙과 바닷물에 의해 만들어진 흙, 산속 바람의 풍화 작용으로 만들어진 흙은 제각각 매우 다른 미네랄 성분과 특징을 지닌다. 식물은 우리가 모르는 흙의 맛을 알고 있고, 그 맛에 따라 잘 자라주기도 하고 때로는 힘겨워하기도 한다.

등에 따라 그 특징이 더욱 세분화된다. 결국 흙은 1) 지역, 2) 부모 암석이 지닌 무기질 성분, 3) 다른 흙과의 이동과 혼합 등에 의해 그 특징과 성분이 매우 달라진다.

흙과 식물의 아름다운 공생

흙이 없었다면 나무는 생존이 불가능했다. 하지만 식물이 흙에게 일방적으로 받기만 하는 것은 아니다. 나무가 없었다면 흙은 지금과 같은 생명력을 절대 가질 수 없었을 것이다. 흙은 미네랄이라고 부르는 무기물로 구성되어 있는데, 이 무기질은 영양분이 되지 못한다. 결국 지표면의 흙에 영양을 공급하는 것은 흙 자체가 아니라 동물의 배설물, 식물이 떨어뜨린 나뭇잎 등이 썩는 과정을 통해서 만들어진다. 그런데 이 썩힘의 현상은 저절로 일어나는 것이 아니라, 여기에 수많은 박테리아와 균류(fungi)의 작용이 더해져야만 한다. 이 눈에 보이지도 않는 생명체들은 흙 속에서 활동하며 알갱이를 분해시키고 영양소를

미네랄 성분의 흙 자체만으로는 식물의 왕성한 성장을 돕기에는 충분치 않다. 여기에 동물의 분, 나뭇잎 등 퇴적물의 퇴비를 보강해줘야 양질의 거름이 만들어진다.

다시 만들어내는데, 이 분해 작용이 없었다면 지구는 지금쯤 쓰레기로 가득 차 생명체가 살지 못했을 것이다.

천연의 거름, 부엽토

수십, 수백 년 동안 떨어진 나뭇잎을 박테리아와 균이 분해시켜 쌓아놓은 영양 덩어리라고 할 수 있는 부엽토(humus)가 있다. 그런데 이 부엽토를 가장 잘 볼 수 있는 곳은 정원이 아니라 숲 속이다. 숲 속 아름드리나무가 우거진 곳에서는 짙은 밤색의 흙이 마치 스펀지처럼 푹신하게 자리 잡고 있는 모습을 볼 수 있다. 부엽토가 푹신한 이유는 공기층이 잘 형성되어 있기 때문인데 이 공기층 덕분에 수분이 달아나지 않고 잘 머물 수 있다. 흙이 수분을 오래도록 머금을 수 있는 것은 (물이 차는 것과는 다르다) 식물의 뿌리에게는 더할 나위 없이 좋은 조건이다. 일단 뿌리를 통해 충분히 수분을 공급받을 수 있고, 연약한 잔뿌리는 공기층을 통해 잘 뻗어나갈 수 있어 식물이 건강하게 자랄 수 있는 기초가 된다.

서양의 유명 정원사들은 그들만의 특별한 거름 만드는 공식을 가지고 있다. 최근 영국의 왕립식물원 큐가든에서는 가정에서 손쉽게 만들 수 있는 거름 배합 노하우를 공개하기도 했다.

만약 우리 집 정원의 땅에 문제가 있어 식물을 심기에 적합하지 않다면, 가장 좋은 방법은 기존의 흙에 이 부엽토를 섞어주는 것이다. 모래가 많은 흙이나 진흙의 땅 모두 부엽토를 섞어주면 흙의 기능이 향상된다. 바로 이런 특징 때문에 영어권에서는 부엽토를 가리켜 'natural compost(천연의 거름)'라고 부르기도 한다.

문제는 이 천연의 거름을 산속에서 퍼다 쓸 수가 없다는 점이다. 그래서 정원사들은 부엽토를 직접 만들기 시작했고, 이렇게 인간의 힘으로 만들어진 부엽토를 흔히 '거름', 영어로는 'compost'라고 부른다. 이 거름(혹은 부엽토)은 앞에서 살펴본 바와 같이 암반이 쪼개진 무기질 성분의 흙과는 매우 다르다. 사실 서양의 정원이 이토록 다양화되고 세분화될 수 있었던 원동력에는 식물 시장의 발달(원예)뿐만 아니라 거름 시장의 발달이 크다.

우리 집 정원의 흙은 과연 어떤 흙인가? 눈에 보이지 않지만 흙의 성분과 성질을 이해하는 일은 가장 중요한 핵심으로, 식물을 심기 전과 정원 디자인을 하기 전에 충분히 고려되어야 한다.

우리 집 정원은 어떤 흙으로 이루어졌을까?

지금까지 흙의 성분과 그 특징이 지역에 따라 매우 다르다는 언급을 해왔는데, 그렇다면 우리 집 정원의 흙은 과연 어떤 성분과 특징을 지니고 있을까? 정원을 만들고 디자인하기에 앞서 선행되어야 할, 무엇보다 중요한 일이 바로 이 흙에 대한 조사다. 흙의 특징에 따라 우리 집 정원에 들어올 수 있는 것과 그렇지 않은 수종이 가려지고, 필요하다면 흙에 필요한 성분을 보강하는 일이 선행되어야 한다. 그렇다면 흙에 대한 조사는 어떻게 해야 할까?

흙의 굵기(질감)에 대한 조사

흙의 알갱이가 크면 물 빠짐이 원활하지만 그만큼 미네랄과 영양분이 그 안에 남겨져 있을 가능성도 적어진다(모래). 반대로 흙의 알갱이가 매우 곱고 촘촘하면 물 빠짐이 원활하지 않은 대신 영양분은 풍부해진다(진흙).

심토 조사

흙은 크게 위층인 상토(topsoil)와 그 아래층인 심토(subsoil)로 구별할 수 있다. 겉표면의 흙(상토)을 걷어내고 나면 심토에서 매우 다른 성분의 흙이 발견되기도 한다. 그런데 나무를 심어야 할 경우는 겉표면의 흙보다는 아래층의 흙이 더 중요하기 때문에 흙을 적어도 삽 깊이의 두 배 정도 파서 심토의 상태를 확인해주는 작업이 필요하다. 만약 암반이나 자갈이 너무 많다면 큰 나무를 심기에는 부적합한 장소라고 할 수 있다.

식물과 흙의 관계 이해하기

아무리 예쁜 여자라고 해도 만인이 다 좋다 할 순 없다. 각자의 취향이 있고, 특별히 좋아하는 성품이나 특징이 있을 수 있기 때문이다. 식물과 흙의 관계도 매우 비슷하다. 과연 어떤 흙을 좋은 흙이라고 할 수 있을까? 여기에 대한 판단은 조금 복합적이어서, 예를 들면 식물들이 어떤 흙을 좋아하느냐에 따라 달라진다. 척박함을 싫어하는 식물은 사막의 땅이 더없이 고통스럽겠지만, 이런 땅을 좋아하는 식물들(다육식물과)에게는 영양분이 가득한 비옥한 땅은 그야말로 악몽이 된다.

그러나 어찌되었든 분명한 것은 영양분이 부족하고 물 빠짐이 너무 심하거나 혹은 막혀 있다면 분명 식물을 위한 좋은 흙이 될 수는 없다. 이럴 때는 어떤 방법으로 식물과 흙의 관계를 개선시킬 수 있을까?

땅에 식물을 맞춘다

앞서 언급한 것처럼 땅에 맞는 식물을 골라서 심는 방법으로 모래흙에는 건조함을 좋아하는 식물을 심고, 진흙땅에는 물기를 좋아하는 식물을 심는다면 안성맞춤이다.

수종에 맞게 흙을 바꾼다

식물의 수종에 적합한 흙을 만들어주기 위해서는, 알칼리를 좋아하는 식물에게는 알칼리성 흙을 더해주고, 산성을 좋아하는 식물에게는 산성 흙을 더해주고, 배수를 좋아하는 식물에게는 모래를 첨가시켜 배수를 도와주는 방법이 있다.

재미있게도, 동양의 경우는 주로 전자, 흙에 적합한 식물(주로 자생종을 이용) 심기 방식을 택했다면, 서양의 경우는 자신이 원하는 식물을 심기 위해 흙의 성분을 바꿔주는 좀 더 적극적인 후자의 방법을 택해왔다는 것이다.

오래된 흙을 새롭게!

그렇다면 식물 심기에 적합하도록 흙의 기능을 좀 더 향상시킬 수 있는 방법은 무엇일까? 전통적으로는 땅을 일궈주는 방법을 많이 권한다.

삽의 깊이는 대략 30센티미터 정도다. 이 삽을 깊숙이 흙 속에 넣은 뒤 흙을 들어올려 뒤집어주는 방식을 흔히 '한삽파기(Single Digging)'라고 한다. 대신 두 삽의 깊이, 즉 60센티미터의 깊이로 땅을 갈아주는 것을 '두삽파기(Double Digging)'라고 하는데 싱글 디깅의 경우는 1~2년에 한 번씩, 주로 늦가을에 다음 해 봄화단 조성을 위해 해주고, 더블 디깅의 경우는 이제 막 새로운 정원을 조성할 때나 땅이 많이 척박해졌을 때, 보통은 4~5년에 한 번 정도 해준다.

한삽파기(Single Digging) 요령

삽의 깊이는 대략 30센티미터, 삽의 각도는 직각으로 세워 흙을 들어올려야 한다. 구덩이의 깊이는 삽의 길이 정도가 적당하다.

싱글 디깅은 두 개의 구덩이의 흙을 교환하는 방식으로 이뤄지고 이렇게 쌍을 이뤄 원하는 만큼의 땅을 갈아준다.

한삽파기

1단계: 한 삽의 깊이와 폭으로 구덩이를 파기 시작한다.

2단계: 한 줄의 구덩이를 다 파면 구덩이 바닥에 거름을 10~15센티미터 정도 넣어준다.

거름

3단계: 이미 파낸 구덩이 옆에 두 번째 구덩이를 파기 시작하고 여기에서 나온 흙을 첫 번째 구덩이에 넣어준다.

두 번째 구덩이　　첫 번째 구덩이

4단계: 두 번째 구덩이도 거름을 넣고 첫 번째 구덩이에서 파낸 흙을 넣어준 뒤 말끔하게 마감한다.

첫 번째 구덩이 흙

두 번째 구덩이　　첫 번째 구덩이

흙에도 맛이 있다?

우리는 모르는 흙의 맛을 식물은 정확하게 느낀다. 신맛, 단맛, 쓴맛 등으로 맛을 구별하는 인간과 달리, 식물의 경우는 알칼리성과 산성을 느낀다. 알칼리성을 좋아하는 식물을 산성이 강한 땅에 심으면 식물이 일종의 중독 증상을 일으켜 죽게 되고, 알칼리성 땅에 산성을 좋아하는 식물을 심으면 철분 부족 현상으로 서서히 누렇게 잎이 지면서 죽게 된다. 흙과 영양분, 물 공급에 아무 이상이 없는데도 특정 식물이 계속 죽게 된다면 이럴 때 흙의 산, 알칼리를 분석하는 pH농도를 측정해보는 것이 좋다. pH농도는 7을 중성으로 보고 7 이하의 숫자를 산성으로, 7 이상의 숫자를 알칼리성이 강해진다고 표현한다.

허브채소의 대부분은 알칼리성 흙을 좋아하기 때문에 버섯이나 달걀껍질 등을 삭혀 만든 알칼리성 거름을 많이 주면 더욱 튼튼하게 자란다.

산성의 흙

산성 흙(acid soil)에는 무기물 중 특히 망간과 알루미늄이 많고 칼슘이 적다. pH농도로는 6.5에서 5.5 사이를 말한다. 이 영역대의 산성 흙을 좋아하는 식물로는 진달래속의 식물(*Rhododendron*), 동백꽃, 목련 등이 대표적이다.

알칼리성의 흙

알칼리성 흙(alkaline soil)은 보통 pH농도 7~8 사이를 말한다. 알칼리성 흙을 좋아하는 대표적인 식물로는 패랭이꽃, 라일락, 캄파눌라, 으아리 등이 있다.

흙의 맛을 바꿔줄 수 있다?

산성의 흙을 알칼리성으로, 알칼리성의 흙을 산성으로 바꿀 수 있을까? 서양의 정원사들은 자신의 정원에 원하는 식물을 심기 위해 많은 노력을 해왔고, 그 일환으로 흙의 성질을 바꾸는 작업을 끊임없이 시도해왔다. 그리고 그 해답도 어느 정도 찾았다.

예를 들면 산성의 땅을 알칼리성으로 바꾸고 싶다면 지속적으로 석회를 섞어주면 되는데, 이 석회의 경우 5년 정도면 희석되기 때문에 5년마다 꾸준한 공급이 필요하다. 알칼리성 흙을 산성으로 바꾸는 방법은 조금 더 어렵고 시간도 오래 걸린다. 주로 황(Sulphur)을 지속적으로 뿌려주면 알칼리성 땅이 산성으로 변화된다. 그러나 이 경우 황의 사용이 아주 많아야 하기 때문에 상당한 비용이 요구된다.

우리 집 정원의 pH농도 측정하기

pH농도의 소문자 p는 'potency, power(영향력 있는)'의 의미이고, 대문자 H는 'Hydrogen iron(산화철)'의 원소기호를 말한다. pH농도를 측정하려면 전문기구가 필요한데 다행히 이 기구는 쉽게 구입이 가능하다. 우선 가까운 문방구 등에서 pH농도를 측정할 수 있는 시험관과 약품을 구입하자(사용법은 매우 간단하므로 설명서대로 진행하면 된다). 그런데 정원 전체를 다 측정할 필요는 없다. 대부분의 식물은 약산성을 좋아하고 우리나라의 땅은 대부분이 약산성이기 때문이다. 단, 앞서 언급했듯 알칼리성 흙을 좋아하는 라일락, 패랭이, 으아리 등을 염두에 두었다면 심을 곳의 흙을 채취해서 pH농도를 측정해보자. 더불어 채소와 허브는 대부분 약알칼리성을 좋아하기 때문에 산성이 강한 땅이라면 가급적 피하는 것이 좋다.

하지만 부득이 산성의 땅에서 채소와 허브를 길러야 한다면 석회를 이용해 산을 약화시켜주거나, 좀 더 유기적인 방법을 원한다면 서양 정원사들의 노하우를 빌어 '버섯을 썩혀 만든 원액(mushroom compost. 강알칼리성을 띠고 있다)'을 물에 희석해 땅에 뿌려주는 것도 좋은 방법이다.

눈에 보이지 않는 흙의 관리

정원에서 정원사를 만나는 일은 흔치 않다. 숨어서 일을 하고 있는 것일까? 아마도 그것은 정원사가 숨어서 일을 해서라기보다는, 아름다운 식물에 눈을 빼앗기다 보면 그 밑에서 웅크린 채 일하고 있는 정원사를 찾기가 어렵기 때문일 것이다.

사실 정원 일은 그 어떤 일보다 눈에 보이지 않는 것을 열심히 하는 작업이다. 그중에서도 흙을 돌보는 일은 더욱 그러하다. 제아무리 강인한 식물이라고 해도 척박한 흙에서는 잘 자랄 방법은 없다. 때문에 아름다운 정원을 꿈꾼다면 가장 먼저 눈에 보이지 않는 흙부터 챙겨봐야 한다. 잘 보살펴진 흙 위에 식물을 심는다면 나머지는 흙과 식물의 조화로운 공생에 맡겨보자. 그들이 알아서 우리의 상상을 초월하는 아름다운 정원을 만들어낼 테니 말이다.

정원 일의 대부분은 식물을 다루는 일보다 흙을 만지는 일이다. 건강한 흙은 식물을 튼튼하게 자라게 하는 제일의 조건이다. 좋은 흙을 만들기 위해서는 정기적인 거름의 공급, 규칙적인 잡초 제거, 멀칭 등을 통한 보호가 지속적으로 필요하다.

❋ 진흙과 모래

흙의 알갱이 중 가장 굵은 형태는 모래이고 가장 곱고 가는 형태는 진흙이다. 그런데 진흙은 고운 모래와 비교했을 때 그 입자가 100배 정도 작고, 성글고 굵은 모래에 비해서는 무려 2,000배가 더 작다. 이 차이는 흙 속에 물이 머물 수 있는 시간과 직결된다. 모래의 경우 물을 부으면 순식간에 빠져나가지만, 진흙의 경우는 물이 쉽게 빠져나가지 않는 것을 확인할 수 있다.

바로 이런 진흙의 특징을 이용해 천연의 방수 효과를 보기도 하는데, 오늘날과 같은 인공 방수 재료가 발달하기 전에는 수십 제곱킬로미터에 달하는 인공호수도 진흙으로 방수층을 만들었다. 진흙 방수층은 날씨가 화창한 날 진흙을 물에 개어 발라주는데, 이 과정은 수백 번씩 겹겹이 이루어진다. 이 천연의 진흙 방수층으로 만들어진 호수는 지금도 여전히 방수 기능을 유지하고 있다.

영국 옥스퍼드셔에 위치한 블레넘 팰리스 정원의 인공호수 모습. 가든 디자이너 케이퍼빌러티 브라운(Capability Brown, 1716~1783)이 디자인한 이 거대한 인공호수는 진흙을 이용한 방수법으로 완성되었고, 현재도 그 기능을 충실히 이행하고 있다.

❉ 흙의 물 빠짐 확인

흙의 물 빠짐은 영양만큼이나 식물의 생존 여부에 큰 영향을 미친다. 그런데 큰 나무의 경우는 땅속 깊숙이 뿌리를 내리기 때문에 땅속의 상황을 우리 눈으로 확인하기가 매우 어렵다. 언젠가 정원을 시공하기 전 나무가 자꾸 시든다는 집주인의 걱정을 들은 적이 있다. 겉보기에는 아무 문제가 없어 보이는 정원이었다. 그런데 정원 시공을 시작하고 땅을 파내자 땅속 상황이 보였다. 나무뿌리 주변이 흥건히 물에 젖어 있었다. 이 경우 가장 의심이 되는 상황은 '지하수면(water table)'이다. 물은 지상으로만 흐르는 것이 아니라 땅속에서도 지속적으로 흘러간다. 그 보이지 않는 땅속의 물길이 깊지 않고 지면에서 가깝다면 나무를 심었을 경우 그 뿌리가 늘 물속에 잠겨 있기 십상이다. 결국 물을 좋아하는 수생식물이 아니라면 견디지 못하고 뿌리가 썩는다. 그래서 큰 나무를 심기 전에는 심을 자리 주변의 땅을 미리 파볼 필요가 있다.

이럴 때에는 두 가지 요소를 파악해야 하는데, 땅을 판 뒤 24시간을 내버려두었을 경우,

- 만약 땅이 바짝 말라 있다면 지하수면이 훨씬 밑에 있는 셈이다. (이럴 때는 건조함을 잘 견디는 수종을 심어주는 편이 좋다.)
- 그러나 물이 고여 있거나 흘러간 흔적이 보인다면 지하수면과 매우 가까운 셈이다. (이럴 때는 물을 좋아하는 나무의 수종, 큰 나무라면 낙우송과 같은 수종이 적합하다.)

또 파낸 구덩이에 물을 담아두고 24시간을 내버려둔 뒤 다시 확인을 해볼 수도 있는데,

- 만약 물이 전혀 빠져나가지 않고 그대로 남아 있다면 이곳은 비가 왔을 경우 물로 가득 찰 가능성이 높다.
- 그러나 물이 다 빠져나갔다면 배수가 매우 좋은 땅이다.

거름은 살아 있는 생명체가 생명을 다하고 부패하는 과정에서 얻어진다. 식물은 암석이 쪼개진 무기질의 흙이 아니라 거름 속에서 성장한다. 정원사의 가장 큰 일 중 하나는 바로 식물에게 적합한 거름을 찾아주는 일이다.

6

식물은 왜 거름을 좋아할까?

거름의 세계 이해하기

살아 있는 모든 것은 거름이 된다

살아 있는 모든 생명은 한계가 있다. 영원히 살 수 있는 생명은 이 세상에 없다는 말도 된다. 생명을 다한 동물과 곤충과 식물들은 죽음을 맞이하고 죽은 생명체는 빠른 속도로 분해된다. 우리의 뼈가 분해되는 시간도 3주 남짓이라고 하니 어찌 생각하면 놀라운 일이 아닐 수 없다. 그런데 이런 분해 작용은 그냥 일어나는 것이 아니라 땅속의 미생물들, 박테리아와 균류의 엄청난 활동 때문이고, 이렇게 분해되어 만들어지는 유기물을 우리는 '부엽토(humus)'라고 부른다.

부엽토의 신비한 역할

정원사들이 최상의 거름이라고 생각하는 천연의 거름, 부엽토는 생명을 다한 동식물의 잔해다. 그러나 죽은 동식물의 잔해가 모두 부엽토가 되는 것은 아니고 그 소량의 성분만이 부엽토가 되고 나머지는 이산화탄소(CO_2)로 날아가거나 혹은 미네랄 소금으로 변화된다. 그러니 실제로는 어마어마한 양의 죽은 생명체가 분해되더라도 대부분은 사라지고, 아주 소량만 남아서 부엽토라는 일종의 찌꺼기를 만드는 셈이다. 생각해보자. 만약 모든 생명체가 죽으면서 어마어마한 양의 부엽토나 혹은 어떤 부피를 만들어낸다면, 아마도 지구는 죽은 것들로 가득 찬 죽음의 행성이 될 게 분명하다. 그래서 죽은 생명의 부산물이 생각보다 양이 적다는 것은 지구로서는 큰 축복이 아닐 수 없다. 그런데 여기서 더 신비로운 것은, 지구의 표면을 덮고 있는 정말 적은 양에 불과한 이 부엽토 안에 새로운 생명을 움트게 할 수 있는 충분한 영양분이 들어 있다는 사실이다.

박테리아와 균의 역할

식물은 거름의 힘으로 살아간다고 해도 과언이 아니다. 간단하게 설명하자면, 식물은 '물'과 '영양분'이라는 생존에 꼭 필요한 두 가지 요소를 땅으로부터 섭취해야 살아갈 수 있다. 여기서 물과 영양분은 엄밀하게 말하면 흙(암석에서 쪼개진 광물)이 아니라 부엽토 즉, 거름에서 공급받는다. 거름이 주는 효과는 비단 이뿐만이 아니다. 거름은 잡초가 무성하게 자라는 것을 억제시키고, 수분을 움켜쥐고 있어 흙이 촉촉해지도록 만들며, 거센 비와 바람에 흙이 쓸려 내려가는 것을 막아주고 흙을 보호한다.

그렇다면 이런 소중한 거름을 만들어주는 박테리아와 균들은 어떻게 흙 속에서 살고 있는 것일까? 미생물의 세계는 아직까지 아주 일부만 밝혀져, 과연 그 안에서 무슨 일이 일어나고 있는지를 다 알기는 어렵다. 다만 수많은 박테리아와 균들이 엄청난 분해 작용을 일으켜 이 지구의 찌꺼기와 쓰레기를 청소하고 있다는 것은 잘 알려져 있다.

수많은 미생물 가운데 식물의 성장과 밀접한 관계를 맺고 있는 균이 있는데, 바로

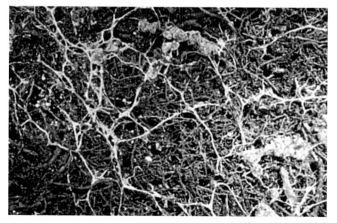

식물의 뿌리에 집을 짓고 사는 마이코라이자균. 얼핏 보면 잔뿌리로 보여서 육안으로는 식별이 어렵다. 이 균은 식물뿌리에 집을 짓고 살며, 흙 속의 유기물의 영양분을 분해시켜 식물이 그것을 흡수할 수 있도록 해준다.

'마이코라이자균(mycorrhiza, 균근)'이다. 이 균은 식물의 잔뿌리에 집을 짓고 사는데, 뿌리 주변의 유기물을 분해시켜 영양분으로 바꾸어놓는다. 식물은 마이코라이자균이 유기물로 분해시킨 영양소를 뿌리로 흡수해 자신의 성장에 사용한다. 결국 식물과 마이코라이자균은 공생의 관계로, 식물은 마이코라이자균에게 집을 제공하는 덕분에 영양분을 손쉽게 흡수하는 셈이다. 실험 결과에 따르면 이 마이코라이자균이 뿌리에 살고 있는 경우와 아닌 경우, 같은 식물이라고 해도 그 성장에 큰 차이를 보이는 것으로 밝혀졌다.

거름을 잘 만들려면?

좋은 거름의 요소 1 | 탄소와 질소의 비율을 맞추어라

우리 몸은 활동을 위해 크게 두 가지의 영양소가 무엇보다 필수적이다. 바로 탄수화물과 단백질인데, 물론 두 영양소가 무조건 많다고 좋은 것은 아니다. 그 양보다는 인체에 들어갔을 때의 둘 사이의 비율이 중요하다. 탄수화물을 만드는 요소는 탄소(Carbon)이고, 단백질을 형성하는 요소는 질소(Nitrogen)인데, 일반적으로 우리 몸은 6~7:1의 비율로 탄소와 질소를 지니고 있다. 그렇다면 우리는 어떻게 탄소와 질소를 섭취할까? 예를 들어 샌드위치를 생각해보자. 샌드위치는 두 쪽의 빵 사이에 햄이나 치즈 등을 넣어 만드는데, 빵은 탄수화물의 성분이니 탄소이고, 그 안에 들어 있는 햄과 치즈 등은 단백질 성분으로 질소가 다량 포함되어 있다.

식물의 경우도 우리 인체와 마찬가지로 이 두 영양소가 성장에 가장 핵심적인 요소다. 그

브라운 재료(탄소)
신문, 낙엽, 지푸라기, 나뭇가지, 종이판지.

그린 재료(질소)
잔디, 채소류, 갈아내린 커피, 초록의 잎.

낙엽은 모아두면 그 자체로 훌륭한 거름이 된다. 정원사들 중에는 동물의 분이나 음식 찌꺼기 등을 섞지 않고 낙엽만 모아 삭힌 후, 흙을 덮어주는 멀칭의 재료로 사용하기도 한다. 사진은 저자가 정원사로 일했던 영국 인게이트스톤 홀 정원(Ingatestone Hall Garden)의 가을 낙엽 모으기 풍경.

렇다면 어떻게 해야 탄소와 질소의 균형잡힌 비율을 만들 수 있을까?

우선 탄소와 질소가 많은 재료가 어떤 것인지부터 알아보자. 일반적으로 탄소 성분이 많이 들어 있는 거름의 재료는 1) '브라운(brown)' 색채를 지니고 있을 때가 많다. 낙엽, 지푸라기, 나뭇가지, 신문, 박스 종이 등이 대표적이다. 반면 질소 성분이 많은 재료는 2) '그린(green)' 색채를 띠면서 부드러운 것이 특징이다. 대표적으로 깎은 잔디, 부엌에서 사용되고 나오는 채소잎이나 부산물들, 그리고 커피를 내리고 남은 찌꺼기(이 경우는 밤색이지만 잎이라고 봐야 하기 때문에) 등의 그린 재료들은 분해되었을 때 질소 성분이 다량 배출된다.

그렇다면 이 두 그룹의 재료를 어떤 비율로 섞어야 적절한 탄소와 질소 비율이 만들어질까? 정원사들은 아주 간단한 방법으로 브라운 재료와 그린 재료의 양을 1:3의 비율로 맞출 것을 추천한다.

좋은 거름의 요소 2 | 공기층을 확보하라

탄소와 질소의 비율이 잘 조율된 거름이라고 해도 그 안에 공기층이 없다면 거름이 되는 속도가 너무 느리거나, 건강한 거름이 아니라 냄새가 고약한 유기물밖에 되지 않는다. 공기는 박테리아와 균이 살아가는 데 필요한 필수 요소다. 때문에 땅속에 공기가 충분하지 않으면 박테리아와 균의 생존 확률이 낮아지고 이로 인해 분해 작용도 느려진다. 시골에 살아본 경험이 있다면 농부가 쌓여 있는 거름 더미를 쇠스랑으로 뒤집어주는 광경을 본 적이 있을 것이다. 이렇게 거름을 뒤집어주는 것이 바로 거름 속에 공기를 넣어주는 것으로, 지금도 대량의 거름을 만들어내는 농가에서는 이 방법을 쓰고 있다.

좋은 거름의 요소 3 | 적당량의 물이 필요하다

균형잡힌 거름의 배합, 공기까지 충분히 확보가 되었다면 이제는 물이 있어야 한다. 물이 중요한 이유는 박테리아와 균류가 바로 물방울에 서식하기 때문이다. 그러나 아무리 좋은 것이라도 해도 지나치면 역효과가 나는 법이다. 물의 양이 너무 많을 경우, 거름 속의 공기층이 사라져 밀착 현상이 일어나기 때문에 보송거리는 양질의 거름을 얻을 수 없다.

그렇다면 거름 속에는 어느 정도의 물이 있어야 좋을까? 간단한 확인 방법이 있다. 장갑을 낀 상태에서 거름을 손에 쥐고 짜보자. 이때 물방울이 서너 방울 떨어질 정도의 물

정원사들은 번식력이 강한 일부 잡초를 거름통에 넣는 것을 꺼린다. 특히 씨가 맺힌 잡초를 거름통에 넣게 되면 그 씨가 거름 속에서 잠복기를 보내다, 거름이 정원에 뿌려진 뒤 발아가 되어 잡초가 더욱 왕성하게 번식할 수 있기 때문이다.

기라면 아주 좋다.

좋은 거름의 요소 4 | 적당한 온도 유지가 필요하다

땅속 세계에서 분해 작용을 하는 생명체 집단으로는 크게 박테리아와 균이 있다. 그런데 이 두 그룹의 생명체는 조금 다른 환경을 선호한다. 박테리아는 높은 온도를 좋아해서 45도 이상이 되었을 때 가장 활발히 움직인다. 음식이 겨울보다 여름에 훨씬 더 쉽게 상하는 이유도 바로 이것이다. 반면에 균은 조금 다른 환경인 25도에서 30도 사이의 온도를 좋아한다. 때문에 추운 지방에서는 박테리아보다는 균의 활동에 의해 분해 작용이 일어난다고 봐야 한다. 그러나 균과 박테리아 모두 25도 아래의 온도에서는 활동하지 않기 때문에 더운 온도를 유지할 수 있는 곳에 거름통의 위치를 잡아주는 것이 좋다.

식물의 특성에 알맞게 배합한 흙. 보통은 부엽토, 모래, 자갈, 나무껍질 등을 적절한 비율로 섞어 쓴다.

같은 식물이라 해도 식물의 싹을 틔우기 위한 용도의 거름은 또 다르다. 실처럼 가느다랗고 연약한 어린 식물의 경우에는 잔뿌리가 흙 속에서 잘 퍼질 수 있도록 공기층을 만들어주는 광석가루(pearlite)를 사용한다.

식물에 따라 거름이 달라진다?

지금까지 좋은 거름의 요소를 살펴보았다. 하지만 세상에 만병통치약이 없듯이 모든 식물이 비옥한 거름을 좋아하지는 않는다. 특정 식물들은 영양기가 없어야 더욱 잘 살아간다. 그래서 식물의 특성에 맞게 거름을 달리 배합시켜주는 노하우가 필요하다. 예를 들면 난(Orchid)이나 다육식물(Succulent)군의 식물은 촉촉하고 영양분이 많은 거름을 좋아하지 않기 때문에, 주로 나무껍질이나 모래 등을 많이 섞어 별도의 거름을 만들어주어야 한다.

정원사에 따라 거름의 배합은 그 비율이 제각각이고 첨가하는 물질도 각양각색이다.

다음에 제시한 배합법은 일반적인 방식으로 유능한 정원사는 여기에 자신만의 비법을 추가한다.

- **일반식물** :: 거름(3), 모래(1).
- **다육식물(선인장 포함)** :: 거름(1), 모래(1), 잔자갈(1).
- **난과 식물** :: 나무껍질과 약간의 모래.

난과의 식물은 식물계에서 가장 독특한 습성을 지니고 있는 식물군이다. 특히 난은 뿌리가 물에 닿는 것을 극도로 싫어하기 때문에 흙이나 거름이 아니라 나무껍질로 화분 속을 채워주는 것이 좋다. 그래야 넓은 공기층과 함께 배수가 잘 확보되어 뿌리가 썩지 않고 잘 자란다.

거름을 만드는 통은 어떻게 만들까?

거름을 만들려면 거름을 만들 수 있는 장소를 먼저 정해야 한다. 전통적으로는 개방된 장소에 거름의 재료를 쌓아두는 방식으로 거름을 만들기도 하지만, 최근에는 거름통을 이용한 방법이 널리 퍼지고 있다. 노출형으로 거름 더미를 만드는 것에 비해 거름통을 이용 방식은 다음과 같은 장점이 있다.

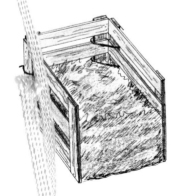

거름통은 □를 이용하거나 철망을 이용해 비교적 간편하게 만들 수 있다. 보통의 경우 거름통의 크기는 폭 900밀리미터, 높이 1□□밀리미터 정도가 적당하다.

- 노출형 거름 더미는 날아든 잡초의 씨로 순식간에 잡초밭이 될 가능성이 높다. 그러나 뚜껑이 있는 거름통을 이용할 경우에는 잡초의 씨가 날아와 자리를 잡을 확률이 상대적으로 낮아진다.
- 노출형 거름 더미는 폭우가 내릴 시 쓸려 내려가거나 일부 영양분이 빗물에 녹기도 한다. 그러나 거름통을 이용할 경우 비로 인한 피해를 줄일 수 있다.
- 부엌에서 나온 음식물의 경우는 고양이를 비롯한 야생동물들의 목표가 될 수 있다. 때문에 뚜껑이 있는 거름통을 사용하면 이런 가능성을 피할 수 있다.

일반적으로 거름통은 하나만 만들어놓으면 실효성이 적다. 재료가 분해되어 정원에 쓸 수 있는 거름이 될 때까지는 최소 6개월에서 길게는 3년의 시간이 소요되기 때문에 적어도 한 개 이상 가능하면 세 개 정도의 거름통을 마련하고 1년 단위로 거름을 모으는 방법이 적당하다. 거름이 다 채워지면 오래된 거름통부터 사용하면 된다.

거름, 알차게 이용하기

몇 가지 노하우를 더해 거름을 만들면 더욱 알차게 이용할 수 있다. 우선 분해가 매우 느린 나무의 줄기나 껍질의 경우는 갈아서(기계를 이용) 흙을 덮어주는 멀칭의 재료로 쓰면 잡초의 번식을 막을 수 있고, 땅이 수분을 좀 더 오랫동안 유지할 수 있어 유용하다.

또 여러 재료를 함께 섞는 방법도 있지만 그린 재료 따로, 브라운 재료 따로 거름통을 만드는 방법도 좋다. 이 경우 분해 속도가 서로 달라서 생기는 문제점을 보완할 수 있고, 필요하다면 거름을 용도에 맞게 비율대로 섞어 쓸 수도 있다. 한편 야생동물들의 멸종이 심각한 요즘은 거름통이 뜻하지 않게 몸집이 작은 야생동물들의 보금자리 역할을 해주기도 한다.

마지막으로 거름의 재료를 태워서 재(災)로 만들어 쓰는 방법도 있다. 재료를 태웠을 때는 특히 칼륨(Potassium)이 강화되기 때문

나무줄기나 나무 자체를 잘게 잘라서 멀칭의 재료로 쓰기도 한다.

에 더 좋은 효과를 볼 수 있지만, 지역에 따라 소각이 금지되어 있을 수 있고 이웃 간 문제 발생의 여지도 있기 때문에 주변 여건을 먼저 잘 살펴야 한다.

거름통에 넣어도 되는 것과 안 되는 것

모든 유기물을 다 거름통에 넣어도 되는 것은 아니다. 넣어도 되는 재료와 넣지 말아야 할 재료를 구별하는 지혜가 필요하다.

- **거름통에 넣어도 되는 재료** :: 갈아놓은 커피, 오래된 면, 실크, 울(찢어서), 달걀껍질, 종이, 카드보드, 녹차 티백, 진공청소기의 먼지, 채소 부스러기, 재.
- **거름통에 넣으면 안 되는 재료** :: 개나 고양이의 분비물, 콜라와 석탄재, 유제품, 물고기와 고기, 오일, 지방. (물고기와 고기는 사실상 거름통에 넣어도 되는 재료이나 반드시 뚜껑이 있는 거름통에서만 사용하는 것이 좋다. 거름에서 풍기는 고약한 냄새의 주범이 될 뿐만 아니라, 이로 인해 거름통이 쥐들의 온상지가 될 수 있기 때문이다.)

직접 만든 거름으로 식물이 탄생하는 기쁨을 만끽하자

영국에서 정원사로 일할 때 내가 가장 빈번하게 드나들었던 곳이 바로 거름통이 있는 곳이었다. 정원사들은 식물도 사랑하지만 어쩌면 흙과 사랑을 나누는 사람들일지도 모른다. 2, 3년씩 묵힌 거름통을 뜯고 나면 산속에서나 발견되는 부엽토와 같은 곱고 예쁜 거름이 가득하다. 보고만 있어도 '와!' 하고 탄성이 나올 정도로 곱다. 내 집 뜰에서 나오는 적은 양의 낙엽과 나뭇가지 그리고 내가 먹고 남긴 음식물만으로도 우리 집 정원에서 쓸 충분한 양의 거름을 만들 수 있다. 그 곱고 예쁜 거름으로 식물이 탄생하는 기쁨을 만끽할 정도라면 이제 정식 정원사가 되었다 말해도 좋을 것이다.

✳ 신비한 땅속 미생물의 세계

땅을 파다 보면 다리가 무수히 많은 다지류 절지동물이나 지렁이와 같은 동물들이 갑자기 나타나 놀랄 때가 있다. 순간적 두려움에 자신도 모르게 죽여버리는 해코지를 할 때도 많다. 하지만 이 글을 읽고 난 뒤에는 그 마음이 조금은 변화가 생길지도 모르겠다.

무기물의 알갱이인 흙 자체는 자생력이 없다. 설령 흙에 식물의 유기물이 떨어진다고 해도 이것이 썩지 않으면 흙 속에서는 아무 일도 일어나지 않는다. 결국 모든 것들을 썩게 하고 그것이 다시 태어날 생명에게 영양분을 줄 수 있도록 분해시키는 생명체, 바로 어마어마한 수의 미생물과 절지동물들이 필요하다. 사방 1미터의 공간 1제곱미터 안에는 (숲 속 흙의 경우) 3억 마리의 선충류와 250여 종의 진드기가 살고 있는데, 이들이 없다면 흙과 유기물들은 그냥 썩지 않는 쓰레기에 불과하게 된다.

특히 지렁이는 함부로 죽여서는 안 되는 귀중한 생명체다. 지렁이가 땅속에서 하고 있는 고마운 역할은 한두 가지가 아니다. 우선 지렁이는 썩어가는 식물의 잔해를 먹는다. 그리고 그것을 소화한 뒤 분비물을 내놓는데, 이 분비물이 지렁이의 장을 통과하면서 배출될 때 탄산칼슘이 함께 밖으로 나온다. 탄산칼슘은 산성의 땅을 알칼리성으로 바꿀 때 쓰이는 석회의 원료로, 실질적으로 지렁이의 장에서 배출된 유기물이 자연스럽게 산성의 땅을 알칼리성으로 만들어 채소와 과일이 잘 자랄 수 있는 환경으로 바꾸어준다. 바로 이러한 까닭에 지렁이가 많이 발견되는 땅을 가리켜 '비옥하다'고 표현하기도 한다.

뿐만이 아니라 지렁이는 흙 속의 유기물 부스러기를 먹기 위해 온 땅을 헤집고 다니는데, 이렇게 지렁이가 만들어놓은 흙의 틈으로 공기와 수분이 들어가 박테리아와 균들이 잘 서식할 수 있는 환경이 만들어진다. 지렁이뿐만 아니라 다리가 많은 노래기도 죽은 식물의 부스러기를 먹기 위해 땅을 파내는데, 이런 땅속 동물들의 영향으로 자생력 없는 흙이 생명의 터전이 된다. 지구의 모든 생명체는 대단히 복잡하지만 체계적인 공생의 관계 속에 얽혀 살고 있다. 그래서 우리가 싫다는 이유로, 단지 무섭고 징그럽다는 이유 등으로 이들 생명체를 죽이거나 파괴하는 행동은 생태계 전체를 파괴할 수도 있는 매우 위험하고 해서는 안 될 일이다.

❋ 신문지를 버리지 말자!

정원에서 신문지와 판지는 매우 요긴하고 그 쓰임이 다양하다. 놀랍게도 이들은 거름을 만들 때도 아주 중요한 요소가 된다.

거름을 만들 때 질소 성분을 만드는 그린 재료(초록의 잎, 부엌에서 나오는 음식재료)는 분해 속도가 매우 빠르다. 그러나 탄소 성분이 많은 브라운 재료인 나뭇가지나 나무껍질 등은 그린 재료에 비해 분해 속도가 느리다. 이런 분해 속도의 차이 때문에 그린 재료가 완전히 분해된 상황에도 거름을 신속하게 쓸 수 없는 문제가 생기고는 한다. 그래서 정원사들은 굵은 나뭇가지의 경우 잘게 자르거나 망치로 줄기를 때려 섬유질을 파괴하고 넣어준다. 하지만 이런 수고로움을 덜기 위해 노련한 정원사들은 분해가 더딘 나뭇가지 대신 신문이나 판지 같은 종이류를 넣는다. 종이도 그 성분이 나무이기 때문에 거름으로서 영양분의 효과가 나무와 거의 같다.

단, 신문의 경우는 공기가 잘 들어가도록 손으로 구겨 넣어주고, 판지는 잘게 쪼개서 넣어주는 것이 효과적이다.

멀칭은 흙을 덮어주는 두꺼운 층을 말한다. 자연상태에서는 천연의 부엽토가 이 역할을 해주지만, 천연의 부엽토 형성이 불가능한 정원에서는 정원사가 인공물질이나 자연물질로 흙을 덮어주어 흙의 기능을 향상시킨다.

흙의 담요, 멀칭

멀칭의 효과와 방법 이해하기

숲 속과 같은 환경을 우리 집 정원에!

깊은 산속을 떠올려보자. 그곳은 정원사의 특별한 손길 없이도 숲 스스로가 체계적인 시스템으로 식물을 키우기 적합한 환경을 만들고 있는 곳이다. 식물은 땅속에 단단히 뿌리를 내리고, 땅 위에 떨어진 동식물의 잔유물이 분해되어 만들어진 영양분을 흡수해 생명을 유지한다. 숲의 이런 자생력을 우리 집 정원에 그대로 가져올 수 있다면 우리는 식물의 성장에 크게 염려하지 않아도 될 것이다.

결론적으로 정원사들은 숲이 지닌 이런 자생력을 정원 속에 만들어주기 위해 노력하는 사람이다. 그렇다면 어떻게 숲 속 환경과 같은 정원을 만들어낼 수 있을까? 정원사들은 그 지름길로 거름 만들기와 함께 '멀칭'의 방법을 권한다.

멀칭이란 무엇인가?

멀칭(Mulching)이란 무기물의 흙을 덮어주는 두터운 층을 통칭하는 말이다. 숲 속에서는 아주 자연스럽게 부엽토 층에 의해 자연상태의 멀칭 효과가 일어나고 있지만, 우리의 정원은 우리 손으로 직접 멀칭을 해줄 수밖에 없다.

멀칭에는 크게 두 종류의 재료가 사용되는데 1) 유기물과 2) 무기물이다. 유기물 재료로는 거름, 나무껍질, 부엽토 등이 사용되고, 무기물 재료로는 자동차 타이어를 잘게 쪼개 쓰거나 자갈, 깨진 도자기, 담요, 천 등이 이용된다. 농가에서 잡초의 번식을 막기 위해 덮어주는 검은 비닐도 멀칭의 재료 중 하나다.

멀칭의 재료

잡초가 우거진 땅에 새롭게 화단이나 텃밭을 조성하고 싶다면 무기질 멀칭 재료 중에 하나인 검은 플라스틱 천을 덮어주는 방식이 효과적이다. 최소 3개월 이상, 1년 정도 이렇게 덮어두면 햇볕이 투과되지 않기 때문에 대부분의 잡초가 생명력을 잃고 죽는다.

유기물 재료	무기물 재료
거름	자갈
정원용 부엽토 (식물의 잎으로만 구성)	부서진 돌맹이
잘게 썰어진 나무의 줄기나 껍질	조약돌
거름으로 분해된 지푸라기	Geo-extile 천소재
코코넛껍질	비닐
버섯으로 만든 거름	

멀칭의 효과

그렇다면 멀칭을 통해서 어떤 효과를 얻을 수 있을까?

- 흙의 온도가 급작스럽게 떨어지거나 오르지 않도록 중재 역할을 한다.
- 잡초가 왕성해지는 것을 막아준다.
- 수분이 급격하게 증발되는 것을 막을 수 있다.

사실 유기물이나 무기물의 재료 모두 앞의 세 가지 멀칭 효과를 볼 수는 있으나 자갈이나 천, 돌 등의 무기물 멀칭 재료를 썼을 경우에는 흙 자체의 질이 향상되는 것을 기대하기는 힘들다. 무기물 안에는 유기물(거름이나 부엽토)에 있는 박테리아와 균 등의 미생물체가 없기 때문에, 흙 속에 침투해 분해 작용을 일으켜 흙 자체의 성분을 바꾸어놓을 수는 없기 때문이다. 그러므로 일시적인 효과가 아니라 장기적으로 흙 자체의 기능이 향상되기를 바란다면, 무기물 재료보다는 유기물 재료를 멀칭에 사용하는 것이 바람직하다.

멀칭의 깊이와 시기

어떤 재료를 써서 멀칭을 하든 일정 깊이를 유지해주는 것이 중요하다. 일반적으로는 최소 50밀리미터 이상이어야 하고 좀 더 충분한 효과를 위해서는 80~100밀리미터의 깊이가 좋다. 멀칭을 하기 전 몇 가지 사전 작업이 필요한데 1) 잡초나 돌멩이들을 제거해 흙을 깨끗이 정리한다. 2) 정리된 흙에 물을 뿌려 잘 적셔준다. 3) 이제 멀칭 재료를 골고루 뿌려주는데, 이때 파이프관이나 배수관을 잘 체크해두어야 후에 멀칭을 뒤집는 일이 생기지 않는다. 멀칭을 하는 시기는 일반적으로 봄도 좋지만 늦겨울을 가장 좋은 때로 본다. 흙 위에 멀칭을 한 뒤 겨울비가 내리면 멀칭이 그대로 얼어 다음 해 봄이 될 때까지 언 상태가 지속된다. 이렇게 되면 겨울 동안 그 밑에 자리 잡고 있는 흙을 보호할 수 있을 뿐 아니라 잡초가 발아할 수 있는 가능성을 차단하는 효과도 있다. 그러나 이 시기를 놓쳤다면 봄에 멀칭을 해도 좋다. 늦은 봄, 완전히 추위가 가시고 난 뒤 비가 오지 않는 맑은 날을 정해 멀칭을 해준다.

자연부엽토와 인공부엽토

우리말로 '부엽토'라고 번역되는 용어는 두 개다. 'humus'와 'leaf mould(미국식 영어로는 leaf mold)'가 그것이다. 자연부엽토 'humus'를 좀 더 분명하게 정의하자면 숲 속의 자연상태에서 만들어진 진짜 부엽토라고 할 수 있고, 인공부엽토 'leaf mould'는 흔히 정원에서 정원사에 의해 만들어진 부엽토다. 내 나름의 차별법을 쓰자면 '자연산 부엽토'와 '인공부엽토' 정도로 표현해도 좋지 않을까 싶다.

거름과 낙엽부엽토

그렇다면 거름을 뜻하는 'compost'와 'leaf mould(낙엽부엽토)'의 차이점은 무엇일까? 'compost'는 탄소(브라운 재료)와 질소(그린 재료)의 영양분이 혼합되어 있는 거름을 말한다. 이와 달리 'leaf mould'는 나뭇잎으로만 만들어진 것으로 거름에 비해 영양분이 매우 적다. 때문에 주로 영양분을 그다지 많이 필요로 하지 않는 모종을 키우는 화분용 흙 대용이나 흙을 덮어주는 멀칭의 재료로 사용된다.

헷갈릴 수 있으니 용어에 대해 다시 한 번 정리해보자.

- **거름(compost)** :: 질소와 탄소의 영양분이 균형 있게 들어가 있는 거름(인공).
- **천연부엽토(humus)** :: 자연상태의 숲 속에서 발견되는 유기물의 천연거름(자연).
- **낙엽부엽토(leaf mould)** :: 나뭇잎만을 모아서 만드는 거름. 주로 멀칭의 재료로 쓰인다(인공). (잎으로 만든 부엽토로 낙엽뿐만 아니라 막 잘라낸 잔디와 초록의 잎도 재료로 사용한다. 그러나 이 책에서는 의미를 좀 더 확실히 전달하기 위해 'leaf mould'를 '낙엽부엽토'로 명칭한다.)

여기서 중요한 것은 '거름'은 주로 박테리아에 의해 분해되는데 '낙엽부엽토'는 균에 의해 분해된다는 사실이다. 그 이유는 숲 속의 상황을 떠올려보면 쉽게 이해할 수 있다. 숲 속은 습도가 높고 키 큰 나무들 때문에 어둡고 온도가 그리 높지 않다. 이런 상황은 40도 이상의 높은 온도를 좋아하는 박테리아가 서식하기에 좋은 환경이 아니다. 그래서 숲 속에는 박테리아보다는 좀 더 추운 환경을 좋아하는 균들이 더 많이 서식하며 이들이 활발한 분해

멀칭은 1년에 한 번 정도, 시기적으로는 늦겨울 또는 늦은 봄이 가장 적절하다. 특히 채소정원의 경우 늦은 봄 멀칭을 끝내야 하고, 1~2주 정도의 휴식기를 보낸 후 모종을 심거나 씨를 뿌리는 것이 바람직하다

활동을 한다.

또한 고온에서 서식하는 박테리아는 유기물의 분해 속도가 빠르지만, 차가운 온도 속의 균들은 분해 속도가 느린 편이다. 때문에 균들에 의해서 분해되는 낙엽부엽토의 경우는 거름보다 상대적으로 시간이 오래 걸리는데, 최소 2년 정도의 숙성이 필요하다.

낙엽부엽토 만드는 방법

그렇다면 정원에서 낙엽부엽토를 만들려면 어떻게 해야 할까? 답은 매우 단순하다. 식물의 잎을 모아 1~2년 정도의 시간을 두고 숙성시키면 정원에서 쓸 수 있는 부엽토로 바뀐다. 거름의 경우는 종종 인공의 활성제를 첨가시키는 경우가 있지만 낙엽을 이용한 부엽토를 직접 만들 때는 이런 첨가물을 넣을 필요가 없다. 더불어 거름 더미(동물의 분이 들어가 있는)는 공기를 넣어주기 위해 뒤집어주는 일이 필요하지만 낙엽부엽토는 일정 시간 동안 그대로 쌓아두는 것만으로도 진한 밤색의 부엽토를 충분히 얻을 수 있다.

한편 낙엽부엽토의 경우 영양분이 별로 없기 때문에 일부 정원사들은 여기에 거름을 섞어서 분갈이용 화분 흙으로 사용하기도 하는데, 이때 비율은 1:1 정도가 적절하다.

거름을 만드는 비법은 김치를 담그는 손맛이 집집마다 다른 것처럼 정원마다, 또 정원사별로 조금씩 다르다. 어떤 정원사들은 초록의 잎을 넣지 않고 낙엽만 따로 모아서 인공부엽토를 만들어 쓰기도 하고, 또 다른 정원사들은 산성이 강한 상록침엽수를 빼고 낙엽수의 잎만 넣어 만들기도 한다.

식물을 심기 전 흙 준비 작업

거름이 아무리 좋아도 무조건 거름을 공급하는 것만으로 식물이 잘 자라주는 것은 아니다. 거름을 이용해 식물을 잘 키울 수 있는 조건을 만들어줘야 한다. 우선 거름이나 인공부엽토가 들어가 적절히 섞인 영양분의 흙이라고 해도, 식물을 심은 지 1년 정도의 시간이 흐르면 흙 자체가 굳고 딱딱해지기 마련이다. 이럴 때 1년에 한 번은 흙을 가볍게 뒤집어주는 일이 필요하다(104쪽 '식물 심기에 적합한 흙의 상태 만들기' 참조).

1 · 삽을 이용해 흙을 뒤집어주고,

2 · 이때 영양분이 부족하다고 느껴지면 거름을 좀 더 보강해주는 것이 좋다.

3 · 쇠갈고리로 뒤집어진 흙을 골고루 펴주는데 이때 잡초나 큰 돌멩이가 발견된다면 제거한다.

4 · 이제 부풀어진 흙이 자리를 잘 잡을 수 있도록 몸무게를 이용해 발로 꾹꾹 눌러준다.

5 · 마지막으로 다시 한 번 가볍게 쇠갈고리를 이용해 흙을 좀 더 곱고 평평하게 펴준다.

6 · 흙 준비가 다 끝났다면 이제 식물을 심어준다.

　정원에는 다양한 화단의 구성이 필요하다. 사계절을 골고루 볼 수 있도록 다년생 초본식물, 목본식물, 1년생 초본식물을 섞기도 하지만, 때로는 아주 화려하게 1년에 두세 번 정도 새 옷을 입혀주는 화단도 있어야 한다. 물론 이런 화단은 그 크기를 한정해서 지나치게 많은 비용이 발생하지 않도록 하는 것이 좋다. 화단을 바꿔주는 시기는 일반적으로 초봄, 초여름, 늦여름, 이렇게 연중 세 번이다. 화단의 식물을 바꿀 때는 우선 심어두었던 모든 식물을 들어낸 뒤, 흙 관리를 해주고 다시 새로운 디자인으로 식물을 심어주는 것이 좋다 (105쪽 '1년에 세 번 바꿀 수 있는 화단 구성 요령' 참조).

거름은 정원사의 비밀무기

서양 격언에는 "거름은 정원사의 비밀무기"라는 말이 있다. 거름이 정원사에게 얼마나 중요한 부분을 차지하는지를 잘 말해주는 것이고, 식물에게 거름이 얼마나 중요한지를 강조하는 표현이기도 하다. 그러나 다른 의미에서 거름은 엄청난 가치를 지녔다. 바로 죽고, 버려지고, 이제는 쓸모없다고 여겨지는 찌꺼기가 모여서 다시 생명을 만들어내는 원천이 되기 때문이다. 말 그대로 자연의 놀라운 순환체계가 아닐 수 없다.

　정원 일을 하다 보면 처음에는 정원의 아름다움에 빠지게 되고, 이 단계가 지나가면 식물을 키우는 재미에 빠지고, 마지막 단계에서는 거름과 사랑에 빠지게 된다. 눈에 보이지 않는 일이지만 거름의 세계를 알아가고 내 손으로 직접 만들어가는 과정 속에는 큰 기쁨이 있다. 그래서 정원이 있다면 아름다운 꽃과 나무 심을 자리와 함께 한 귀퉁이 버려지는 것들을 아름다운 생명으로 탄생시킬 수 있는 거름 만드는 장소를 꼭 마련해보라고 권하고 싶다.

❋ 숲 속의 흙을 집으로 가져오면 안 되는 이유

숲 속의 비옥한 부엽토를 보게 되면 누구라도 우리 집 정원으로 가져오고 싶은 욕심이 난다. 그런데 이는 절대 해서는 안 되는 일이다. 우선 숲 속 환경이 파괴되기 때문이기도 하지만, 그 외에도 위험 요소가 많다. 흙 속 세상은 아직 과학의 세계로도 밝혀진 것이 거의 없을 정도다. 말 그대로 우리 육안에는 보이지 않는 수만, 수억의 생명체가 살고 있고 박테리아, 바이러스, 각종 균들이 가득하다. 그 미생물의 세계가 우리에게 어떤 영향을 미치게 될지는 누구도 쉽게 짐작할 수 없다. 게다가 동물들이 낳아둔 미세한 알들도 그 안에 잠들어 있기 때문에 집으로 가져온 뒤, 그 흙 속에서 무엇이 부화되어 나타날지 짐작하기 힘들다. 그래서 가장 안전한 방법으로 내가 직접 거름을 만들어 쓰거나 비용이 들더라도 판매용 거름을 사서 쓰는 것이 좋다.

❋ 땅을 갈아주지 않는 가드닝(No-Digging Gardening)

흙의 상태가 좋지 않아 식물을 심기 적절하지 않을 때에는 다음과 같은 방법을 이용할 수 있다.

1 · 흙을 보강해주는 방법 : 진흙땅에는 모래를, 모래땅에는 진흙을 섞어준다.
2 · 흙을 깊게 파서 뒤집어주는 방법 : 지나치게 굳어진 땅, 영양분이 빈약한 땅에 적당하다.
3 · 화단을 올려서 거름을 채워주는 방법 : 기존 땅을 건드리지 않는다.

이 가운데 세 번째 방법은 흔히 '땅을 갈아주지 않는 가드닝'이라 불리는데, 1946년 영국 레벤스 홀의 정원사 F. C. 킹이 자신의 책 『땅을 갈아주어야 하는가(Is digging necessary?)』를 통해 처음으로 도입한 뒤 전 세계적으로 번졌다. 이 방식은 땅을 뒤집고 갈아주었던 기존의 가드닝 방식보다 노동의 양이 훨씬 줄어들었을 뿐만 아니라, 지속적인 땅갈이로 땅의 영양분이 고갈되는 현상을 막을 수 있어 지금까지도 전 세계적인 추세로 이어지고 있다. 특히 1970년대에 오스트레일리아의 유명 정원사인 에스터 딘이 좀 더 구체적인 노하우를 제시하며 많은 정원사들에게 영향을 미쳤다.

땅을 갈아주지 않는 노디깅 가드닝 방식은 높이 5~15센티미터의 화단을 땅 위에 설치하는 것으로 시작된다. 그리고 그 안에 젖은 신문지를, 그 위에 자주개자리(*Alfalfa, Lucernehay*. 초원에서 자라는 콩과의 식물, 가축이 뜯어먹는 대표적인 사료 중 하나. 우리의 경우는 콩과 식물로 대체할 수 있다), 비료, 지푸라기, 비료, 거름 혹은 흙의 순으로 쌓아준다. 이들이 자체적으로 혼합되면서 식물(특히 채소)이 잘 자랄 수 있는 영양분이 가득한 흙이 만들어진다. 특히 신문지는 기존 땅에서 자라고 있던 잡초가 땅 위로 쉽게 올라오지 못하게 하면서, 또 훗날에는 썩어서 거름이 되기 때문에 일석이조의 효과가 있다.

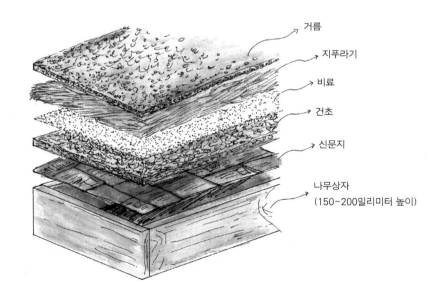

거름
지푸라기
비료
건초
신문지
나무상자
(150~200밀리미터 높이)

땅을 갈지 않고도 그림과 같은 방식으로 화단을 만들어 식물을 키워낼 수 있다. 땅을 일구는 것은 많은 노동력을 필요로 하고, 땅의 피로를 가중시키기 때문에 최근에는 이와 같은 노디깅 가드닝 방식이 큰 인기를 끌고 있다.

✳ 식물 심기에 적합한 흙의 상태 만들기

매년 식물을 키워야 하는 흙은 피곤할 수밖에 없다. 때문에 흙의 기운을 북돋아줄 수 있는
휴식기와 함께 흙 관리가 필요하다.

1단계: 전에 심겨 있던 식물들의 찌꺼기들을 깨끗하게 제
거한 뒤 쇠스랑으로 흙을 뒤집어준다. 흙을 뒤집어주는 깊
이는 쇠스랑 길이 정도가 적당하다.

2단계: 쇠갈고리를 이용해 흙을 골고루 펴준다. 이때 돌멩
이가 나오면 제거해주고, 굵은 흙덩어리가 나오면 곱게 만
들어준다.

3단계: 체중을 이용해 흙을 꾹꾹 밟아준다. 이 과정은 흙을 단
단히 만들어 식물의 뿌리가 잘 안착될 수 있도록 만들어준다.

4단계: 밟아준 흙을 다시 한 번 갈고리로 곱게 펴준다.

5단계: 모든 흙 관리가 끝나면 식물을 심어준다.

✳ 1년에 세 번 바꿀 수 있는 화단 구성 요령

초봄에 심은 튤립과 수선화가 화단에 만발해 있다. 조성 시기는 3월 말, 화단의 절정은 4월에서 5월이다.

6월로 접어들면 튤립과 수선화의 잎이 누렇게 시들어간다. 이때가 두 번째 화단 조성 시기로 여름에 꽃을 피울 수 있는 식물군을 선택해 화단을 조성하면 좋다.

고추, 가지, 카렌듈라(금잔화) 등 채소를 소재로 여름 화단을 조성한 모습. 조성 시기는 6월 중순이고 화단의 절정은 8월 말까지 지속된다. 9월 초순에는 다시 또 국화 등을 주제로 마지막 화려한 꽃의 화단 구성이 가능하다. 단, 겨울에는 땅의 휴식을 위해서 비워두고 잠시 휴식기를 보낸다.

나의 정원 알기

움푹 꺼진 계곡 안에 조성된 영국 트레바노 정원(Trevarno Garden)의 일부분. 만일 우리 집 정원이 이런 곳에 있다면, 우선 '움푹 꺼진 지형'이 가지는 기후와 빛의 조건 등을 이해하는 것이 무엇보다 중요하다.

정원환경의 특징과 문제점 알기

기후와 사계절 이해하기

우리 집 정원을 잘 이해하려면?

아이들을 키워본 엄마라면 잘 알 듯하다. 유전자가 비슷한 형제자매라고 해도 똑같은 방식으로 아이들을 교육하기는 힘들다. 타고난 성품이나 특징이 다르기 때문에 각자에게 맞는 교육방식을 택해야 한다. 정원도 마찬가지다. 획일적인 하나의 방식을 모든 정원에 똑같이 적용할 순 없다. 때문에 남의 집 정원에 무슨 꽃이 어떻게 피어나고 얼마나 아름다운지를 살피기 전에, 우리 집 정원의 특징과 문제점을 잘 파악해야 식물과 사람이 모두 건강한 아름다운 정원을 만들 수 있다.

그렇다면 우리 집 정원을 잘 이해하려면 어떻게 해야 할까? 우선, 지금 내가 살고 있는 집과 정원을 머릿속에 떠올려보자. 만들고 싶은 정원의 밑그림을 그리기 전에 우선 어떤 식물을 심을 수 있을지, 어떤 구성을 할 수 있는지를 아는 것이 먼저이고, 그러기 위해서는 몇 가지 사항을 잘 파악해야 한다.

기후

정원이 속해 있는 지역의 기후를 알아보자. 최저 온도와 최고 온도가 어느 정도인지를 파악하는 것은 물론 강수량 조사도 필수적이다. 오랜 세월 그곳에서 살았다면 자연스럽게 1년 사계절의 기후 변화가 눈에 그려지겠지만, 만약 새롭게 이사를 간 지역이라면 반드시 그 지역 토박이 어른들께 물어 날씨에 대한 사전조사를 하는 것이 좋다. 서양 속담에 "정원을 잘 가꾸려면 그 지역에서 가장 농사를 잘 짓는 농부를 찾아가 조언을 구하라"는 말이 있는 것도 비슷한 의미다.

지형

정원이 어떤 곳에 위치해 있는지를 파악해야 한다. 예를 들어 산자락 밑에 있다면 산으로 인해 기후 조건이 매우 달라지고, 바닷가와 접해 있거나 그 영향권에 있다면 바다의 영향으로 매우 다른 기후 조건을 갖게 된다. 산 밑에 있는 집이라면 산을 넘어오는 골짜기 바람으로부터 지속적인 영향을 받기 때문에 큰 나무를 심어 바람의 영향을 줄이는(방풍림 효과) 방안도 고려해볼 만하다. 또 해안에 인접한 정원이라면 바닷물의 짠기를 견딜 수 있는 식물(예를 들면 동백, 에린기움) 등의 바닷가 태생의 자생종을 쓰는 것도 바람직하다.

바람

풍수지리를 보는 것은 막연하게 묘와 집 앉힐 자리를 선정하는 직관적인 작업이 아니라, 바람과 물이 어디에서 어디로 흘러 우리가 사는 곳에 어떤 영향을 주는지를 파악하는 과학의 분야다. 다만 예전에는 이런 지형에 대한 조사를 과학이라는 방식으로 풀지 않았을 뿐이다. 정원에 영향을 미칠 수 있는 다양한 요소 가운데 바람의 영향을 간과하는 경우가 종종 있는데, 바람은 생각보다 훨씬 더 깊이 식물의 성장과 죽음에 연관이 있다. 무엇보다 바람이 많이 불면 바람에 수분이 날려 흙이 건조해지기 때문에 수분 공급에 큰 지장을 받게 된다.

그러나 더 큰 문제는 바람이 불면 식물이 물을 빨아들여 배출시키는 기공을 닫아버린다. 이는 수분의 증발이 너무 심하게 일어나 잎이 말라버리는 현상을 막기 위한 식물의 생존전략이지만, 지속적으로 바람이 불어 이런 현상이 계속되면 광합성 작용까지 멈춰지기 때문에 더 이상 식물이 성장하지 않고 누렇게 말라 죽게 된다. 수분을 충분히 공급해 주었는데도 식물이 타들어가듯 말라죽었다면 바람이 지속적으로 부는 지역인지를 의심해보는 것이 좋다. 따라서 바람이 지속적으로 부는 지역이라면 반드시 바람을 막아주는 담장이나 울타리, 덮개 등을 이용해 식물을 보호해줘야 한다.

흙

정원의 흙이 과연 어떤 상태인지에 대한 조사는 필수적이다. 식물을 심을 자리는 반드시 미리 뿌리의 깊이까지 파보는 것이 좋다. 그러면 흙이 건조한 상태인지, 물기가 배어 있는 촉촉한 상태인지를 알 수 있다. 만약 물기가 축축한 지역이라면 물을 좋아하는 식물(향나무, 자작나무, 단풍나무 등)이 적합하다. 그러나 매우 건조한 땅이라면 가뭄에 강한 식물(드라세나, 알로에, 제라늄 등)을 심는 것이 좋다.

그 외 주의해야 할 문제점들

지형, 기후, 바람, 흙 등에 대한 전반적인 파악이 끝났다면, 이제 발생할 수 있는 조금 더 특별한 정원의 문제점을 생각해야 한다. 특히 다음의 세 가지 요소가 혹시 우리 집 정원에서 발생할 가능성이 있는지 따져봐야 한다. 만약 발생하고 있거나 그럴 가능성이 있다면 반드시 개선이 필요하다.

추위 뭉침 현상

· **현상** :: 주로 산악지형에서 잘 나타난다. 산에서 내려오는 찬바람은 아무런 방해가 없다면 그대로 산 밑으로 빠져나가지만 담장이나 벽 등 바람이 통과할 수 없는 장애물을 만나면 넘어가지 못하고 그 밑에서 찬바람이 돌며 서로 뭉쳐진다. 때문에 이곳에 식물을 심는다면 추위를 견디지 못하고 죽을 가능성이 매우 높다.

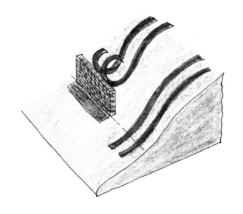

· **개선법** :: 틈이 없는 담장보다는 바람이 빠져나갈 수 있는 생울타리(촘촘한 잎을 지닌 식물로 울타리를 만드는 방법)로 바꾸거나 담장의 높이를 낮추는 등의 조치가 필요하다.

비 그늘 현상

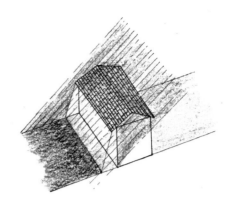

· **현상** :: 건물의 처마로 인해 발생하는 현상으로, 비가 제대로 땅을 적셔주지 못하기 때문에 땅이 항상 메마르고 건조하다. 만약 비 그늘 현상이 지속적으로 발생하는 지역에 식물을 심게 되면 식물은 목마름 현상을 겪어 잘 자라지 못한다.

· **개선법** :: 건물 가까이에 화단을 조성하거나 나무를 심고 싶다면 비 그늘 현상이 있는 지점을 벗어나야 한다. 이 현상이 어디까지인지를 확인하는 좋은 방법은 비가 내릴 때 혹은 그친 직후, 지붕 처마에서 떨어진 빗방울에 땅이 팬 지점을 확인해보면 된다.

소용돌이 현상

· **현상** :: 평평한 곳에서 바람이 담장을 넘어온 뒤 소용돌이치며 모여드는 현상을 말한다. 담장을 넘어온 바람은 그대로 빠져나가지 못하고 그 앞에서 소용돌이를 일으킨다. 가을철 낙엽이 까닭 없이 소용돌이치며 돌고 있는 모습을 가끔 보게 되는데, 이것이 바람의 소용돌이 현상을 잘 보여주는 것이다.

· **개선법** :: 바람이 통과할 수 없는 촘촘한 벽이나 담장보다는 빈 공간이 있는 생울타리로 교체하는 것이 바람직하다. 생울타리는 강한 바람을 가늘게 국숫발처럼 분산시켜 소용돌이 현상을 막아줄 뿐만 아니라 정원으로 들어오는 바람의 세기를 줄여주는 효과도 함께 볼 수 있다.

바람을 통과시키는 담장

울타리, 벽, 담장 등은 정원의 경계선을 짓거나 공간을 분할시키는 데 없어서는 안 될 부분이자 정원을 구성하는 가장 중요한 요소 중 하나다. 때문에 정원사나 가든 디자이너들

생울타리(hedge)는 살아 있는 나무를 이용해 울타리를 만드는 것으로 주로 주목나무, 향나무, 회양목 등 정기적으로 잘라주어도 잘 견디는 나무가 선호된다.

은 담장이나 울타리의 재료 및 그 높이와 형태에 대해 많은 고민을 한다. 이러한 요소들은 얼마나 아름다운가를 보여주는 미적인 관점에서도 중요하지만 기능 면에서도 큰 차이가 있다.

예를 들어 최근 가든 디자인 분야에서는 견고한 담장보다는 바람이 통과할 수 있는 소재와 방식으로 담장 만들기를 선호하는데, 그 이유는 바람이 견고한 담장에 부딪칠 경우 소용돌이 현상을 일으켜 그 바로 밑 환경을 더욱 열악하게 만들기 때문이다. 대신 바람이 통할 수 있는 소재로 담장을 만들게 되면, 자연스럽게 바람의 세기를 줄일 수 있기 때문에 추위와 바람으로 인한 큰 피해를 예방할 수 있다.

정원의 하루를 관찰하다

아름다운 정원은 건강한 정원과 직결된다. 아무리 아름다운 장식에 화려한 꽃을 심었다고 해도 식물들이 시들해져 죽게 된다면 정원은 아름다움과 멀어진다. 건강한 정원은 식물을 특징에 맞게 정확한 장소에 심는 것과 밀접한 관계를 맺고 있다. 특히 햇볕을 좋아하는 식물과 그늘을 좋아하는 식물은 그 생김이나 형태가 매우 다르고 살아가는 방법도 다르다.

그렇다면 어떻게 해야 우리 집 정원에 심은 식물을 좀 더 건강하고 아름답게 키울 수 있을까? 이 질문의 답은, 먼저 우리 집 정원이 지닌 조건을 잘 알아야 하고, 그러기 위해서는 정원의 세세한 관찰이 필수적이다. 해가 어디에서 떠서 어디로 지고 있는지, 그로 인해 어느 곳에 그늘이 지고 어떤 곳에 햇볕이 밝게 내리쬐는지, 바람은 어디에서 불어와 어디로 나가는지, 물이 특별히 고이는 곳은 없는지 등, 단 하루만이라도 유심히 정원의 하루를 관찰해보면 감이 잡힐 것이다. 하루 종일 햇볕이 드는 양지바른 곳은 분명히 땅의 기운이 덥고 건조하기 때문에 물을 좋아하지 않는 식물을 심어주는 것이 좋다. 대신 그늘이 진 곳은 축축하고 땅의 온도도 낮기 때문에 습기를 좋아하는 식물이 제격이다.

결론적으로 지피지기면 백전백승이라는 말이 있듯, 우리 집 정원이 지니고 있는 특징과 한계를 정확히 파악한다면 그만큼 성공할 확률이 높다. 그러니 무작정 식물을 심기에 앞서서 우리 집 정원부터 찬찬히 살피고 알아보자.

북동향 정원의 예. 큰 나무 밑이나 방향이 북이나 동쪽일 경우 햇볕의 양이 매우 부족하다. 이런 곳은 그늘의 환경을 이겨낼 수 있도록 잎이 넓고 초록인 식물군(호스타, 둥글레, 은방울꽃 등)으로 구성해주는 것이 바람직하다.

정원에서 햇볕을 가장 많이 받는 곳은 남서향이다. 남서향은 앞에 큰 건물과 같은 장애물만 없다면 흙의
온도가 매우 따뜻하고 건조하다. 때문에 사진과 같이 건조하고 더운 환경에 적합한 식물군을 심어주는 것
이 적절하다.

같은 곳이지만 정원은 계절에 따라 전혀 다른 모습으로 변한다. 따라서 정원 조성 계획을 세웠다면 적어도 1년 동안 사계절의 흐름을 관찰하고 그 특징에 맞게 디자인하는 것이 가장 좋다. 사진 속의 정원은 영국 하이드홀 정원의 여름과 겨울의 풍경. 확연한 색의 차이를 느낄 수 있다.

정원에 사계절이 흐른다

정원은 계절의 흐름을 뚜렷하게 보여준다. 때문에 계절별로 정원에서 일어나는 일을 꼼꼼히 관찰하는 것은 매우 중요하다. 온도가 최하 얼마나 내려갔을 때 식물이 타격을 입는지, 계절별로 햇살이 정원으로 들어오는 시간은 얼마나 되는지, 장마철 정원 안에 물 고임 현상으로 인한 피해는 없는지. 적어도 1년 사계절을 지켜보며 정원을 기획할 수 있다면 더할 나위 없이 좋겠다.

정원 곳곳의 기후를 살피다

아무리 작은 정원이라고 해도 정원마다 지니고 있는 기후의 특징이 다르다. '미세기후(micro climate)'라고도 불리는 이 기후는 담장의 높이, 건물의 크기, 큰 나무의 위치, 연못의 유무 등에 의해 큰 영향을 받는다. 주변 기후를 완벽하게 알았다고 해도 우리 집만의 기후가 다르기 때문에 옆집과 똑같은 구성으로 정원을 조성하는 것은 의외로 실패할 확률이 매우 높다.

예를 들어 119쪽 그림과 같은 환경의 집과 정원을 지니고 있다고 상상해보자. 그럼 여기서 우리는 무엇을 고려해야 할까?

❶ · 건물

건물은 그 크기와 높이로 인해 주변에 자연스럽게 그늘을 만들어낸다. 건물 주변에 얼마

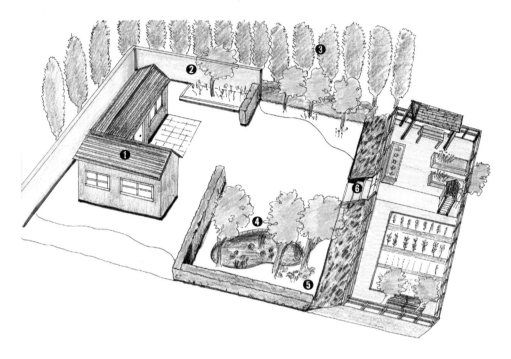

만큼의 그늘이 생겨나는지, 처마 아래 비 그늘 현상은 어느 정도인지를 파악해 주변에 심게 될 식물의 위치와 종류를 결정하는 것이 좋다.

❷ · 담장

담장의 높이는 정원에 미세기후를 만들어내는 중요한 요소 중 하나다. 담장이 너무 높으면 그늘이 깊어지고 바람의 소용돌이 현상도 많아진다. 때문에 어떤 재질과 어떤 방식으로 담장을 쌓을지에 대한 고려가 필요하다.

❸ · 방풍림

지속적인 바람의 영향을 받는 지역이라면 키 큰 나무를 줄지어 세워 바람의 세기를 줄여주는 방풍림이 필요하다.

❹ · 연못

정원에 연못을 조성하고 싶다면 식물군에 대한 고려가 특별히 있어야 한다. 수련과 같이 물에 떠서 자라는 식물도 있지만 연못 주변 500밀리미터의 깊이의 물가를 선호하는 식물군(창포, 부레, 갈대) 등도 있다. 마른 땅에 뿌리를 두고 자라는 식물과 달리 물속에 뿌리를 두고 자라는 식물은 종류도 제법 다양하고 성장 특징 또한 달라서 식물을 심기 전 공부가 필요하다.

❺ · 늘 그늘진 곳

큰 나무 밑은 햇볕의 방향과 상관없이 늘 그늘이 질 수밖에 없다. 맨 땅을 그대로 두기 싫다면 큰 나무 밑에서도 자랄 수 있는 그늘을 좋아하는 식물(은방울꽃, 둥글레, 호스타 등)을 심는 것도 좋은 방법이다. 또 습한 기후 속에서 잘 조성되는 이끼정원을 조성할 수 있는 좋은 기회이기도 하다.

❻ · 언덕

정원에 경사가 있다면 비가 왔을 때 흙의 쏠림 현상에 주의해야 한다. 빗물이 경사면을 타고 빠른 속도로 휩쓸기 때문에 경사면은 언제나 건조하고 메마를 수밖에 없다. 이 경우 사초 종류의 풀을 심어 흙이 건조해지거나 땅이 패는 것을 방지하고, 중간중간 돌계단을 형성해 흙이 밀려나가는 현상을 막는 것이 좋다.

실수와 실패로부터 배운다

"정원사의 유능함은 실패의 경험과 비례한다"는 말이 있듯, 정원사는 실수로부터 깨달음을 얻어 다음 해를 계획한다. 아무리 유능한 정원사라 해도 모든 것을 알 수는 없다. 살아 있는 생명과 함께하는 작업이다 보니 정원에서는 뜻하지 않게 많은 변수가 발생하기 마련이다. 때문에 모든 계획을 체계적으로 세웠다 해도 꼭 어디에선가 실수가 따른다. 다만 모든 실수에는 이유가 있고, 그 이유를 알게 되면 답을 찾을 수 있다.

내가 아는 정원 일은 그 어떤 일보다 천천히 가는 길, 기다림의 일이다. 1년 사계절을 서두르지 않고 관찰할 수 있는 마음, 만들어놓고도 다시 또 1년을 지켜보며 점검하는 마음이 필요한 일이다. 서두르지 않고 한 걸음 한 걸음씩 묵묵히 나아가는 길, 바로 그 길이 정원사의 길이라고, 정원은 우리에게 그렇게 살아도 충분하다고 넌지시 말을 건넨다.

정원 만들기를 계획할 때 가장 중요한 일은 우리 집 정원(땅)에 대한 철저한 공부다. 비슷한 지역에 살고 있다고 모두 같은 환경을 지니는 것은 아니다. 정원의 방향, 인접해 있는 건물과 산과 계곡의 영향, 고도, 경사 등 수많은 변수에 따라 정원의 환경이 달라진다는 것을 기억하자.

주제별 정원 만들기

화단은 화려한 꽃들을 감상하기 위해 만들어진 구획된 공간으로, 계절에 따라 많게는 세 번까지도 계절 감을 살려 교체 가능하다. 파스텔톤의 색체 조합이 뛰어나게 디자인된 화단이 인상적인 2012년 프랑스 쇼몽인터내셔널 가든 페스티벌의 모습.

사계절화단 만들기

사계절이 풍성한 꽃화단의 디자인

작은 화단부터 만들어보자

정원 전체를 적절한 안배와 비율로 나누고 식물을 이해하며 디자인하는 것은 결코 쉬운 일이 아니다. 여기에는 식물에 대한 지식은 물론이고 구도와 배치를 이해할 수 있는 미술 적인 감각까지 요구되기 때문에, 그것을 익히는 데에 상당한 시간이 필요하다. 그러므로 정원 전체를 스스로 디자인하는 일에 엄두가 나지 않는 초보 정원사나 디자이너라면, 우 선 작은 화단부터 시작해서 점점 그 크기를 넓히는 것도 좋은 방법이다.

화단의 형태에 따른 구별

화단이란 무엇이고 어떤 형태가 있을까? '화단(花壇)'은 우리말로 풀이하면 '꽃을 심기 위 해 구획된 단'이다. 우리의 경우 화단 문화가 특별히 발달하지 않아서인지 화단을 특별한

사방에서 화단을 관람할 수 있는 형태는 흔히 베드 화단이라고 부른다. 일반적으로는 원형, 사각형의 형태인데 섬처럼 떠 있다는 뜻에서 '아일랜드 플라워 베드'라고도 부른다.

보더 화단의 경우는 앞쪽에서 뒤를 바라보기 때문에 키가 큰 식물을 뒤쪽으로 배치하고 키가 작은 식물을 화단 앞으로 심는 것이 일반적이다.

모양과 형태로 구별하지 않지만, 서양에서는 화단의 형태를 크게 '베드(bed)'와 '보더(border)'로 구별한다.

• 베드 화단 :: 뒷배경 없이 독립적으로 만들어져 사방에서 볼 수 있는 화단.
• 보더 화단 :: 담장, 생울타리 등의 뒷배경을 두고 있어 한 방향에서 바라보는 화단.

화단의 구별이 중요한 이유는 사방에서 볼 수 있는 '베드'인가, 아니면 한쪽 면에서만 바라보는 '보더'인가에 따라서 식물의 디자인이 매우 달라지기 때문이다. 일반적으로 사방에서 바라볼 수 있는 '베드'의 경우는 키가 큰 식물을 가운데 심고 키가 작은 식물을 사방에 둘러서 어느 쪽에서 보더라도 비슷한 모양이 되도록 구성한다. 반면 담장이나 생울타리를 배경으로 두고 있는 '보더'의 경우 키가 큰 식물을 뒤로, 키가 작은 식물을 앞으로 배치시키는 방식을 많이 택한다.

화단의 위치

정원 전체를 화단으로 만들 수는 없다. 그리고 그럴 이유도 없다. 화단은 일종의 하이라이트 혹은 포인트의 역할이기 때문에, 크기가 작더라도 화려한 식물을 심어 그 효과를 극대화하는 것이 좋다. 그래서 일반적으로 화단은 정원의 포인트가 되는 부분, 예를 들면 정원의 중심부나 입구, 건물의 창문 밑, 대문 앞 등에 만드는 것이 좋다. 또한 동선을 유도하는 식으로 조성을 하면 자연스럽게 꽃길을 감상하며 원하는 목적지에 이르도록 만들 수 있다.

더불어 화단의 마감선을 보통은 회양목 등을 이용해 뚜렷하게 경계를 두기도 하는데,

이는 화단 안으로 함부로 들어가지 못하게 하는 효과와 함께 관상 면에서도 깔끔한 인상을 준다.

식물에 맞는 화단 선택하기

화단의 모양은 매우 다양하게 구성이 가능하다. 특히 서양 화단의 경우에는 자유로운 곡선의 불규칙한 형태보다 직사각형, 원형, 삼각형 등 기하학적 문양이 많이 사용되었다. 여기에서 더 나아가 좀 더 복잡한 기하학적 모양이나 매듭이 엮이듯 겹쳐지고 꼬인 형태 등으로 발전하기도 했다. 이럴 경우 전통적으로 유럽에서는 회양목이나 주목 등의 상록수를 이용해 형태를 잡았다. 이런 화단 구성의 가장 큰 장점은 꽃이 사라지고 난 이후에도 화단 자체로 안정적인 아름다움을 주기 때문에 화단의 구성이 단조롭지 않아 사계절을 (겨울까지도) 즐길 수 있다는 장점이 있다.

  화단의 구성에도 시대별 유행이 있기 마련이다. 서양 화단의 경우는 19세기에서 20세기 초는 화려한 1년생 식물로 구성된 매우 정형화된 구성(빅토리아풍 화단 조성)이 인기를 끌었지만 최근에는 자연스러운 야생화 화단이 큰 인기다. 특히 네덜란드 출신의 식물 디자이너인 피에트 우돌프(Piet Oudolf)의 '초원풍 화단(prairie style)'은 영국과 미국에서 그 자연스러움으로 크게 각광받고 있다.

쉽게 따라할 수 있는 화단 디자인 노하우

어떤 식물을 기를 수 있는지 파악하자

화단을 구성하고 싶은 장소를 정했다면, 장소의 특징을 잘 살펴봐야 한다. 하루 종일 햇볕이 쨍쨍 내려쬐는 곳이라면 건조하고 따뜻함을 좋아하는 식물을 심어야겠지만, 반그늘의 장소라면 당연히 그늘에서 잘 커주는 식물을 선택해야 한다. 아무리 심고 싶은 식물이 정해져 있다고 해도 장소의 특징이 허락하지 않는다면 포기할 수밖에 없다.

화단의 질감과 색채를 결정하자

화단이 조성될 장소에 적합한 식물군을 골랐다면 이번에는 어떤 식으로 식물을 구성할지를 결정해야 한다. 예를 들면 꽃의 색감을 파스텔톤 혹은 원색 등으로 맞출 수도 있지만,

초록의 잎이 지니고 있는 질감이나 문양을 살려 식물을 선정할 수도 있다. 어떤 테마로 화단을 구성할지를 선택한 뒤 거기에 맞는 식물의 목록을 뽑아내자.

회양목으로 가장자리선을 만들고 그 안에 다양한 꽃식물을 심어 구성한 화단. 영국 브로턴 그렌지 정원의 모습.

식물의 형태와 높이를 고려하자

색상이나 질감을 고려해 식물을 골랐다고 해도 식물마다 그 크기와 형태는 매우 다르다. 앞서 언급한 것처럼 화단이 사방에서 관람이 가능한 '베드' 형태라면 키가 큰 식물을 가운데로 키가 작은 식물을 가장자리로 보내는 것이 좋다. 그러나 뒷배경이 막혀 있는 '보더'의 경우에는 키가 큰 식물을 뒤로 작은 식물을 앞으로 보낸다. 만약 키가 큰 식물을 앞에 배치했을 경우에는 뒤에 위치한 키 작은 식물이 보이지 않거나 키 큰 식물에 가려 빛을 보지 못해 성장에 지장을 받게 된다.

사계절을 안배하자

식물을 고를 때 또 하나의 중요한 기준은 사계절을 안배하는 것이다. 식물의 경우는 잎과 꽃에만 색상이나 질감이 있는 것이 아니라 나무의 줄기에도 색감이 나타난다. 잎이 모두 진 겨울철에도 아름다운 색감의 나무줄기로 아름다운 겨울 정원의 연출이 가능하다. 더불어 드물기는 하지만 스노드롭이나 다프네와 같이 겨울에 꽃을 피우는 식물도 있다. 여기에 상록수를 더불어 사용한다면 아름다운 겨울 정원 조성도 가능하다.

소규모 그룹을 만들고 반복시키자

작은 화단이라 해도 수많은 꽃을 낱낱으로 늘어놓는 타입은 아름답게 디자인되기 어렵다. 미술에서와 마찬가지로 정원에 심어야 하는 식물들도 그 구도와 배치가 매우 중요하다. 식물 디자인의 경우는 식물들을 작은 그룹으로 먼저 구성하고, 그 그룹을 반복해서 연출하는 것이 큰 도움이 된다.

최근 화단의 식물 디자인 경향은 인위적이지 않고 자연스러운 구성으로 1년생 재배식물을 배제하고 야생화 위주의 식물군을 많이 이용한다. 색감에 있어서도 선명하고 화려한 원색의 조합에서 파스텔톤까지, 마치 캔버스에 화가가 그림을 그린 듯한 색감을 연출한다. 회양목의 선을 마치 구름처럼 자연스럽게 교차시켜 부드러움을 강조한 영국 브로턴 그렌지(Broughton Grange) 정원의 회양목 화단 모습.

모든 화단이 화려한 꽃으로 넘쳐날 필요는 없다. 때로는 초록의 잔잔한 배경 속에 화려한 '거는 화분' 하나로도 충분히 아름답다.

밑그림을 반드시 그려라

그림이라고 하면 겁부터 먹는 사람들이 많다. 하지만 머릿속으로만 구상을 하는 것은 한계가 있고 도면도 없이 식물 구입을 시작하게 되면 처음 생각과 달리 엉뚱한 식물을 골라올 수도 있다. 어설프더라도 종이 위에 화단 구성을 미리 그려보는 과정이 반드시 필요하다. 우선 화단의 크기를 정확하게 자로 잰 뒤 축적을 이용해 종이 위에 화단을 그리자(1:50, 1:100 정도의 축적이 적당). 그리고 그 위에 필요한 식물을 얹어보면서 색감, 형태, 사계절의 안배 등을 생각해보자. 실패한 종이가 쌓일수록 실질적인 시공상의 실패가 줄어드는 셈이니, 고민의 시간을 너무 두려워하지 말고, 종이 위에서 마음껏 연습한 뒤에 실행으로 옮기는 여유를 갖자.

아무리 작은 화단도 한 해에 완성되지 않는다

봄에 조성한 화단에는 당연히 봄에 꽃을 피우는 식물이 많아지고, 여름에 조성한 화단에는 여름 식물이 가득해진다. 아무리 작은 화단이라고 하더라도 사계절을 즐길 수 있는 풍성한 화단을 만들려면 적어도 2~3년의 시간이 필요하다. 지금 당장 만들어서 행복하고 보기 좋은 화단이 아니라 시간을 들여 더욱 풍성하고 아름다워지는 화단을 만들자.

구조물과 미술품을 이용하자

정원은 식물이 주는 아름다움과 감동으로 가득한 공간이다. 그러나 식물만으로 구성된 정원은 반짝이는 액세서리가 빠진 것처럼 조금은 지루할 수 있다. 이럴 때 감각적인 벤치나 화분, 조각물과 구조물들은 식물을 가리는 것이 아니라 더욱 빛나게 해주는 요소가 된다. '화룡점정'이라는 말처럼, 식물로 가득한 정원에 뭔가 하나 점을 찍을 수 있는 예술품을 넣어보자.

다년생 식물이 자랄 수 있는 시간 동안 빈 공간에 1년생 식물을 채우자

다년생 식물은 성장하는 데 시간이 걸리기 때문에 충분히 자랄 수 있도록 공간을 확보해주는 것이 필수적이다. 결국 화단을 조성한 첫해는 엉성한 화단이 될 수밖에 없다. 그렇다고 처음부터 촘촘히 식물을 심게 되면 훗날 식물들끼리 경쟁이 심해져 모두 빈약하게 자라는 현상을 겪게 된다.

　이럴 때는 두 가지의 해결법이 있다. 첫 번째는 촘촘히 심어서 첫해부터 보기 좋게 식

감각적인 벤치나 화분, 조각이나 구조물과 같은 미술품들은 식물을 더욱 빛나게 만드는 액세서리가 될 수 있다.

물을 본 뒤, 다음 해부터 지나치게 촘촘한 부분의 식물을 캐내주는 방식이다. 두 번째 방법은 충분히 공간을 확보해주고 빈자리에 대신 1년생 식물을 넣어주는 방법이다. 겨울이 되면 1년생 식물은 생명을 다하기 때문에 다음 해에는 좀 더 자란 다년생 식물에게 자리를 양보해줄 수 있게 된다.

심는 것보다 관리가 더 중요하다

이 모든 과정을 다 거쳐 정성스럽게 화단을 구성했다고 해도 관리가 소홀해지면 화단은 곧 잡초밭으로 변하거나 죽은 화초들로 가득차고 말 것이다. 가장 좋은 관리 요령은 심기 전에 미리 흙을 잘 만들어주는 것이고, 잘 심어주는 과정 그리고 심은 뒤에는 필요하다면 영양분을 공급해주거나 잡초가 올라오지 못하도록 두텁게 멀칭을 해주어 흙과 뿌리를 보호해주는 것이다.

덩굴식물을 이용하면 화단의 구성이 좀 더 재미있어진다. 지지대가 없이는 스스로 설 수 없는 덩굴식물이지만 모양을 잡아주는 대로 자유롭게 자라나기 때문에 좀 더 볼륨감 넘치고 화려하게 화단을 구성할 수 있다. 클레마티스(Clematis)가 지붕 위로 올라갈 수 있도록 방향을 잡아주고 있는 영국 그레이트 딕스터(Great Dixter)의 정원사.

✳ 다년생 식물 심기의 간격

다년생 식물은 첫해에는 어리고 그 크기도 작지만 해를 거듭할수록 몸집이 커진다. 문제는 조성할 때에 이를 짐작하기가 쉽지 않아 그 간격을 얼마나 떼어놓고 심어야 할지 늘 고민이 된다. 그런데 이런 노하우는 특별히 정답이 정해져 있는 것이 아니라 정원사마다 그 방식이 다르고 그 효과도 다르다.

일반적으로는 식물의 크기가 작으면 떼어주는 간격도 작아지고, 식물이 크면 식물 간 간격도 넓어진다. 그래서 패랭이꽃의 경우는 사방 1미터 공간에 9개, 키가 크고 벌어지는 각시꽃이나 아칸투스는 2개 정도를 심는 것이 적당한 것으로 알려져 있다. 또 거름을 많이 필요로 하고 서로의 간섭을 싫어하는 장미는 사방 1미터 공간에 4개 정도가 적당하고, 같은 종의 경우는 그 간격이 500밀리미터 정도, 수종이 다른 경우에는 1미터 정도 떨어뜨리라고 전문가들은 충고한다. 하지만 아름다운 식물원의 꽃화단을 떠올려보자. 이런 곳의 꽃화단은 일반상식을 깨고 땅이 보이지 않을 정도로 식물들이 촘촘히 심어져 아름다운 장관을 연출한다. 그렇다면 우리는 어떤 정보를 따라야 할까?

결론적으로 이 두 가지 방식에는 각각의 장단점이 있다. 우선 전자처럼 간격을 충분히 확보해줬을 경우에는 시간이 흐를수록 식물이 건강하게 잘 자라서 3, 4년 후쯤에는 화단이 원하는 만큼 풍성해진다. 그러나 이런 풍경이 만들어질 때까지의 긴 시간 동안 화단은 엉성하고 그 사이 잡초가 번지게 되면 화단 전체가 망가질 수도 있다. 반면, 후자의 경우처럼 촘촘하게 식물을 심게 되면 식물은 경쟁이 심해져 우선 빨리 키를 키우려고 노력하면서 웃자라게 된다. 그래서 자연상태라면 2, 3년이 걸려야 다 자랄 수 있는 식물이 1년 안에 그 키를 다 키운다. 하지만 식물들끼리 물과 영양분을 치열하게 나누면서 시간이 흐를수록 식물들의 상태가 비실거리며 건강하지 않고 꽃도 잘 맺지 못한다.

두 방식 모두가 안고 있는 단점들을 극복하기 위해서는 보안책이 필요한데, 만약 전자의 방식을 택했다면 간격 사이에 1년생 식물을 심어서 그 빈자리를 메워 시간을 벌어주는 것이고, 후자의 방식으로 촘촘히 심었다면 1, 2년이 지난 뒤에 일부 식물을 빼내서 자리를 다시 확보시켜주는 것이 좋다.

해를 거듭할수록 몸집이 커지는 다년생 식물은 심기 간격을 어떻게 해야 할지 고민이 되는 부분. 이를 해결하기 위한 방법은 정원사마다 모두 다르다.

✳ 화분식물을 화단에 심어주는 요령

1 · 땅 위에 화분을 이용해 눌러서 크기를 표시한다.

2 · 한 손으로 식물을 받치고 나머지 한 손으로 화분을 기울여
　 식물을 빼낸다.

3 · 화분 크기의 두 배가 되도록 구멍을 만든다.

4 · 여분 공간에 흙을 잘 메꾸어준다.

5 · 신발 끝으로 부풀어오른 흙을 눌러준다.

6 · 호스를 이용해 땅에만 듬뿍 물 주기를 한다.

✳ 화단에 직접 씨 뿌리는 요령

1 · 갈고리를 이용해 흙을 정리한다. 자갈이나 잡초가 나오면 모
　　두 제거한다.

2 · 잘 정리된 흙 위에 대나무 막대를 이용해 줄을 표시해주고,
　　그 줄을 따라 씨를 심어준다.

3 · 손바닥에 씨앗을 놓고 다른 손으로 톡톡 건드려 씨가 한곳
　　에 너무 많이 뿌려지지 않고 골고루 뿌려지도록 한다.

4 · 다시 갈고리를 이용해 너무 깊지 않게 살짝 흙을 덮어준다.

5 · 가는 물줄기가 나오는 물뿌리개를 사용해 물을 뿌려준다.
　　거친 물줄기에 씨앗이 쓸려 내려갈 수 있기 때문에 물줄기가
　　거센 호스를 이용하는 것은 좋지 않다.

장미는 단일식물로도 정원 구성이 가능한 지구상에서 가장 화려한 꽃을 피우는 식물 중 하나다.

장미화단 만들기

화려하고 향기로운 장미정원의 디자인

장미의 또 다른 이름, *Rosa*

장미는 원예학적으로 다년생 목본식물로 속명(genus name)이 '*Rosa*(로사)'다. 전 세계적으로 약 100여 종이 있는데, 생긴 모양에 따라서 크게 '관목형(Shrub)'과 '덩굴형(Climber)'으로 구별한다.

관목형은 키가 3미터 미만이며 땅으로부터 줄기가 여러 개 올라오는 형태로, 몸을 다른 물체나 식물에 기대지 않고 자립으로 설 수 있다. 반면 덩굴형은 그 길이가 7미터에 이르고 줄기 자체가 낭창거려 스스로 서지 못하고 가시를 이용해 다른 물체나 식물을 타고 올라서게 된다. 결국 관목형이냐, 덩굴형이냐에 따라 장미정원의 디자인과 관리가 달라져야 한다.

하지만 가지치기를 해놓은 어릴 때에는 그 형태를 가늠하기가 힘들기 때문에, 반드시 장미에 붙어 있는 명찰을 통해서 혹은 구입한 농원으로부터 어떤 형태의 장미인지를 확

인하는 것이 중요하다.

장미의 아름다움

장미가 꽃의 대명사로 불릴 만큼 전 세계인의 사랑을 받는 이유는 무엇일까? 장미는 단일 품목으로 정원을 만들 수 있을 정도로 어떤 식물종보다 꽃의 크기, 모양, 색상이 다양하다. 게다가 향수로 만들어질 정도로 천연의 향이 가득해 역사적으로 특히 여성들의 사랑을 많이 받아왔다.

　장미는 자연상태에서 지구의 온대성 기후 지역인 아시아, 북아메리카, 북서아프리카에 골고루 분포하는데, 바로 이렇게 광범위한 자생지를 지니고 있어 어떤 식물보다 사람들에게 많이 알려질 수밖에 없었고, 또 향기가 강해서 여성들의 향수로 이용되면서 역사적으로 수많은 재배기술이 시도되었다. 바로 이런 이유에서 수많은 재배종을 발달시켜 현재 장미는 자연상태의 자생종을 뛰어넘는 수십 배의 재배종과 잡종교배종(Hybrid)이 만들어져 시판되고 있다.

페르시아의 장미 vs. 중국의 장미
장미를 미용이나 관상을 위해 재배하기 시작한 역사는 무려 기원전 500년으로까지 거슬러간다. 기록에 따르면, 특히 장미 재배기술이 고도로 발달한 페르시아와 중국에서 관상을 위한 장미가 많이 재배되었다고 전해진다. 흔히 '장미의 나라'로 불리는 영국이 장미의 원조 국가가 될 수 있었던 계기도 바로 중국으로부터 이러한 장미 재배기술을 배워오면서부터였다.

장미정원 디자인

장미를 정원에 활용하는 방법은 매우 다양하다.

혼합 화단
관목형의 장미를 화단의 중앙이나 뒤편에 심고 다른 초본식물들을 함께 넣어주면 장미와 꽃 중심의 아름다운 화단이 연출된다.

> 장미는 온대기후 지역에 고루 분포되어 잘 자라는 덕분에 다양한 교배종이 탄생할 수 있었다. 장미의 재배기술을 가장 먼저 발달시킨 나라는 중국이었다. 그리고 훗날 중국은 유럽인들에게 장미를 접목시키는 방법을 전수해주었고 이를 통해 영국은 현재 '장미의 왕국'이라 불릴 정도로 다양한 신종 재배 장미를 만들어내어 장미 강국으로 불린다.

화분을 이용한 장미정원. 장미는 화분이나 컨테이너에 담겨서 잘 자라주는 식물 종이기도 하다. 영국 데이비드 오스틴 로즈가든의 모습.

덩굴장미를 이용하면 수직의 공간연출이 가능하다. 퍼고라와 아치를 이용한 장미 정원. 영국 데이비드 오스틴 로즈가든의 일부.

장미 전용 화단

장미로만 구성된 화단으로 같은 수종을 반복해서 심기도 하지만 관목형과 덩굴형을 혼합 식재하기도 한다. 장미로만 구성되어 있기 때문에 거름을 많이 필요로 하는 장미에게 별도의 거름을 듬뿍 줄 수 있는 장점이 있다.

화분으로 키우는 장미

미니어처 장미나 플로리분다 혹은 잉글리시 로즈 재배종의 장미라면 화분 속에서도 잘 자랄 수 있다. 화분을 이용한 아름다운 장미 정원 연출도 충분히 가능하다.

아치나 퍼고라

덩굴장미를 잘 이용하면 장미 아치(Arch)와 퍼고라(Pergola)의 구성이 가능하다.

장미정원의 관리

일반적으로 장미는 죽이기도 힘들지만 아름답게 키우기도 어려운 식물로 정평이 나 있다. 그만큼 사전 준비와 함께 지속적인 관리가 필요하다.

우선 장미는 무엇보다도 정기적인 가지치기가 필요하다. 가지치기는 관목형 장미와 덩굴형 장미에 따라 약간의 다른 점이 있고, 재배종에 따라서도 조금씩 달라진다. 일반적으로 가장 좋은 방법은 직접 장미를 키운 농원에 물어서 장미의 가지치기 요령을 배우는 것이다. 여기에 실린 장미의 가지치기 방법은 특별한 재배종을 고려하지 않은 일반적인 방식이다.

덩굴장미의 가지치기 요령

덩굴장미를 가지치기할 때 위로 뻗어나가는 가지에만 신경을 쓰는 경우가 많다. 하지만 올바른 가지치기를 위해서는 지면 바로 위의 장미가지부터 살펴봐야 한다.

우선 건강하지 못하고 죽어가는 가지가 있다면 아예 지면에서 바짝 잘라주는 것이 좋다. 그래야 죽어가는 가지가 살기 위해 쓰는 에너지를 다른 건강한 가지로 보낼 수 있다. 더불어 죽은 가지를 그대로 두면 곰팡이나 병균이 끼게 되기 쉬우므로 발견하는 대로 잘라준다.

덩굴장미의 모든 가지를 다 키우는 방법은 바람직하지 않다. 주된 가지가 될 건강한 가지를 한두 줄 혹은 서너 줄 골라서 집중적으로 키우는 것이 좋다. 더불어 덩굴을 옆으로 붙잡아주면서 키우게 되면 성장에 필요한 에너지를 꽃을 피우는 데 쓰기 때문에 훨씬 더 많은 꽃을 감상할 수 있다.

덩굴장미의 지지대가 끝나는 지점에서는 과감하게 장미의 줄기를 잘라서 더 이상 성장하지 않도록 해야 한다. 이것을 그대로 놔둘 경우에는 식물이 전체적으로 뒤엉키고 늘어져 아름다운 장미덩굴을 만들기 힘들어진다.

죽은 가지나 불필요한 가지는 지면 바로 위에서 잘라준다.

덩굴장미는 주된 가지 한두 개만을 남기고 나머지는 잘라내는 것이 좋다.

지지대가 끝나는 지점에서 덩굴장미를 잘라 더 이상 성장하지 않게 만든다. 이렇게 하면 장미는 남겨진 가지에서 더욱 풍성한 꽃을 피우는 데 에너지를 쓴다.

관목장미의 가지치기 요령

관목장미도 마찬가지로 지상 위로 뻗은 가지가 손상되었거나 병들어 있다면 잘라주는 것이 좋다. 이왕이면 지면 가까이에서 잘라주어야 원치 않는 잔가지가 지면에 바짝 붙어 새롭게 나오는 것을 막을 수 있다.

모든 식물의 가지치기는 자르는 선이 잎눈의 바로 위가 좋다. 자를 때는 사선으로 자르는데 그 기울기가 잎눈의 방향과 반대가 되어야 한다. 그래야만 빗물이 비스듬한 사선을 타고 눈에 떨어지는 것을 방지할 수 있다. 눈에 빗물이 고이게 되면 썩는 원인이 된다.

또 가지치기를 할 때 잎눈의 방향을 눈여겨봐야 하는데, 눈의 방향이 식물의 안쪽으로 향해 있는 것보다는 바깥쪽으로 향해 있는 눈을 골라서 그 위를 잘라주어야 한다. 그래야만 안에는 공간이 생기고 밖으로 탐스럽게 벌어지는 관목장미를 키울 수 있다.

관목장미는 덩굴장미보다 그 줄기가 일반적으로 더 굵다. 관목장미는 500밀리미터 이하로 키를 낮춰 길러야 더 탐스러운 꽃을 피운다.

서로 부딪치거나 비벼대는 줄기는 둘 중 하나의 가지를 잘라주는 것이 좋다.

관목장미는 초봄 가지치기를 해주는 것이 좋다.

가지치기의 시기

가지치기의 시기는 일반적으로 이른 봄이 가장 적기로 알려져 있다. 그러나 들장미와 같이 자생종의 경우에는 꽃이 지고 난 직후가 좋다. 일부 재배종의 경우 늦가을에 가지치기를 하는 것도 가능한데, 어떤 장미를 구입하는지를 정확하게 알고 가지치기의 시기를 농원에 물어보는 것이 중요하다.

가지치기는 이미 앞서 언급한 것과 같이 원예 분야 중에서도 과학적이면서 체계적인 학습이 가장 많이 필요한 부분으로 식물의 수종에 따라, 같은 장미라고 해도 어떤 재배종인지, 형태가 무엇인지에 따라 달라진다. 때문에 가지치기에 대한 체계적인 공부를 어느 정도 할 수 있다면 아름다운 장미정원을 만들어내는 데 큰 도움이 될 것이다.

장미는 지속적인 영양분의 공급, 꽃이 지고 난 후에는 적절한 데드헤딩 등의 관리가 필요한 식물이다. 아름답지만 관리가 까다로운 식물이기 때문에 사전 준비 작업과 관리법의 체계적 계획이 필요하다.

✳ 화려한 장미의 대명사, 데이비드 오스틴 장미

데이비드 오스틴(David C. H. Austin, 1926~)은 현존하는 장미 재배사 중에서 가장 유명한 사람일 듯하다. 그는 영국 사람으로 아주 어린 시절부터 직접 장미 재배를 해왔고, 수많은 접목을 시도해 이른바 '잉글리시 로즈'라는 특별 재배종을 탄생시켰다. 특히 그의 장미는 색상이 다양하고 모양이 아름답고 향기가 좋

데이비드 오스틴의 잉글리시 로즈 중 '메리 로즈(Mary Rose)'

아서 정원 관상용은 물론이고 결혼식이나 특별 행사를 위한 꽃꽂이 장미로도 세계적으로 유명하다. 만약 그가 없었다면 지금과 같은 화려한 장미의 즐거움을 누리기 어려웠을지도 모른다.

✳ 나폴레옹의 부인 조제핀의 장미정원, 말메종

나폴레옹이 이집트를 정벌하기 위해 전쟁을 치르고 있는 동안 혼자 남게 된 조제핀은 자신의 거처이면서 훗날 전쟁에서 돌아온 나폴레옹이 살게 될 장소인 말메종 성(Château de Malmaison)을 치장하기 시작했다. 이때 조제핀은 성의 실내공간만 호화롭게 꾸몄던 것이 아니라 정원에 '장미정원'을 별도로 조성했다. 장미를 정원에 심는 일은 아주 오래전부터 있어왔지만, 장미만으로 정원을 꾸민 장미정원은 조제핀의 말메종 정원을 최초로 본다.

기록에 따르면 이 정원에는 1,840그루의 장미가 자라고 있었고, 그중에는 당시로서는 집한 채 가격을 호가하는 희귀종의 장미도 있었다고 한다. 그런데 이 모든 작업이 가능했던 것은 조제핀이 신뢰했던 정원사 앙드레 뒤퐁(André Du Pont)이 있었기 때문이었다. 그는 희귀종의 장미를 구하기 위해 중국과 페르시아를 넘나들었고, 새로운 종을 개발시켜 조제핀의

관심과 흥미를 북돋았다.

　안타깝게도, 오늘날, 말메종의 장미정원은 이미 사라져 그때의 모습을 짐작하기 어렵다. 대신 당시 화가이면서 식물학자였던 피에르 조제프 르두테(Pierre Joseph Redouté)가 그린 말메종의 장미 117종의 그림이 남겨져 그 당시의 말메종 장미정원의 모습을 짐작할 뿐이다.

　정원은 사라졌지만 지금도 많은 사람들이 조제핀의 말메종 장미정원을 추억하여 새롭게 조성되는 장미정원의 이름을 '말메종'으로 부르는 경우가 많다.

화가이자 식물학자로 오늘날 버테니컬 아트의 선구자라 불리는 피에르 조제프 르두테의 장미 그림들. 르두테의 장미 그림책은 조제핀이 세상을 떠난 뒤 'Les Roses'라는 제목으로 출판되었다.

구근식물은 알뿌리에서 줄기를 뻗어 꽃을 피우는 다년생 식물군을 말한다. 하나의 줄기에서 단 하나의 꽃이 피기 때문에 그 어떤 초화류보다 화려하다. 구근식물은 크게 봄에 꽃을 피우는 군과 늦여름에 꽃을 피우는 군이 있다. 사진은 4월 초에서 5월 중순까지만 문을 여는 네덜란드의 쾨켄호프 공원의 화려한 구근식물축제 모습.

구근화단 만들기

하나의 줄기에 하나의 꽃, 구근화단의 디자인

구근식물이란?

구근식물(bulbs)은 일반적으로 뿌리나 줄기 또는 잎 등이 변형되어 영양분을 보관하는 공간(알. bulb)을 지니고 있는 식물군을 말한다. 우리 주변에서 흔히 볼 수 있는 식물로는 튤립이나 수선화, 채소로 분류되는 양파 등이 대표적이다. 물론 구근식물이라고 해서 저장공간의 모양이 모두 똑같지는 않다. 대부분의 식물은 땅속에 저장소를 두고 있지만, 일부 백합과의 식물은 잎의 옆구리에 저장소가 있다.

이렇듯 저장소의 다양한 형태나 무엇이 변형되어 저장소가 되었는지 등에 따라 구근을 다시 여러 가지로 구별하는데, 전문가가 아니라면 이런 자세한 분류까지 다 알기는 쉽지 않다. 다만 구근식물이란 어떤 식물인지, 언제 어떤 꽃을 피우고, 심는 시기는 언제가 적당한지, 그리고 심고 난 후 어떻게 관리하는지 등을 터득하면 자연스럽게 구근식물 화단이나 정원을 가꾸기 위한 요령도 터득할 수 있다.

구근식물의 특징

구근식물이 별도의 저장소를 만들어 생존하는 방식을 터득한 것은 자생지의 기후환경을 이기기 위해서다. 일반적으로 구근식물은 하루 종일 햇볕이 내리쬐는 따뜻하고 건조한 일종의 사막형 기후에서 자생하기 때문에 물과 영양분이 부족하다. 바로 이런 환경을 이기기 위해 뜨거운 낮 동안 광합성 작용을 통해 영양분을 만들고 그것을 저장소에 축적시킨 뒤, 비가 내리지 않는 상황이나 모래와 같이 영양분이 없는 땅의 조건을 이겨낸다. 때문에 구근식물이 좋아하는 환경은 따뜻하면서 물 빠짐이 좋고, 햇볕이 하루 종일 드는 곳이다. 그러나 일부 구근식물 중 수선화나 아네모네, 스킬라 등은 숲 속이 자생지여서 반그늘과 습한 환경을 더 좋아한다.

구근식물의 장점

- 관리의 수월함 :: 구근식물은 저장소 속에 성장에 필요한 영양분을 지니고 있기 때문에 특별한 보살핌 없이도 스스로 화려한 꽃을 피운다.
- 아름다운 꽃 :: 튤립이나 수선화를 떠올려보자. 알뿌리에서 올라온 하나의 줄기에서 하나의 꽃이 피어난다. 때문에 꽃이 그 어떤 수종보다 크면서도 화려하고 아름답다.

꽃을 피우는 시기

일반적으로 구근식물군은 크게 봄, 여름, 가을에 꽃을 피운다.

- 봄에 꽃을 피우는 구근식물 :: 튤립(*Tulipa*), 수선화(*Narcissus*), 스노드롭(*Galanthus*), 스킬라(*Scilla*), 크로커스(*Crocus*), 히아신스(*Hyacinth*) 등.
- 여름에 꽃을 피우는 구근식물 :: 백합, 글라디올러스(*Gladiolus*) 등.
- 가을에 꽃을 피우는 구근식물 :: 니라이니(*Nerine*) 등.

구근식물을 사는 시기와 심는 시기

구근식물을 사는 시기와 심는 시기는 거의 일치한다. 앞에서 살펴본 것과 같이 시기에 따라 봄, 여름, 가을에 꽃을 피우는 구근식물이 있는데 이 시기에 맞추어 식물을 사는 시기와 심는 시기도 달라진다.

- 봄에 꽃을 피우는 구근을 심는 시기 :: 가을(10월, 튤립의 경우 11월).
- 여름에 꽃을 피우는 구근을 심는 시기 :: 봄(4~5월).
- 가을에 꽃을 피우는 구근을 심는 시기 :: 여름(7월).

구근의 종류에 따라 심는 장소가 달라진다

알뿌리를 지녔다고 해서 모든 구근식물이 같은 환경을 좋아하는 것은 아니다. 어떤 종류의 구근인가를 확인하고, 그에 적합한 장소에 심어주는 것이 무엇보다 중요하다. 튤립은 양지바른 곳을 좋아하지만, 수선화는 그늘을 좋아한다. 또 카마시아는 무리지어 숲 속에 피어나기 때문에 구근식물의 특징을 고려해 그와 비슷한 분위기를 연출해주는 것도 좋다.

구근식물 디자인 요령

홀로보다는 여럿! 모아 심자

구근식물은 일반적으로 한두 점을 심는 것보다는 무리지어 심는 방식이 그 아름다움을 훨씬 더 극대화시킨다. 보통의 경우 25~50개 정도를 무리로 심어주면 화단에 강한 색채의 하이라이트를 만들어낼 수 있다.

화분을 이용하자

구근식물은 어떤 식물군보다도 화분 속에서 잘 자라주는 식물이고, 또 대부분이 실내에서도 꽃을 피운다. 그러므로 굳이 맞지 않는 조건의 땅에 구근을 심기보다는 화분에 심어서 구근식물이 좋아하는 환경을 만들어주는 것도 좋은 방법이다.

봄에 꽃을 피우는 구근식물인 수선화와 무스카리(보라색). 봄에 꽃을 피우는 구근식물은 10월에 구근을 심으면 겨울 추위를 이겨내고 봄에 아름다운 꽃을 피운다. 일반적으로 수선화의 구근은 최대 70년까지도 꽃을 피우는 것으로 알려져 있다.

늦여름에 피어나 가을까지 아름다운 꽃을 보여주는 구근식물 니라이니는 남아프리카가 자생지로, 따뜻하고 건조한 상태를 좋아한다. 대문 앞이나 담장 밑에 심어주면 아름다운 가을 정취를 만들어준다.

숲 속에서도 잘 자라는 구근식물 카마시아. 숲 속이 자생지인 식물은 너무 건조하고 따뜻한 곳보다는 반그늘과 습기가 있는 지역에 심는 것이 더 적당하다.

큰 나무 밑에 심어진 시클라멘(Cyclamen)이 꽃밭을 이루며 피어난 정원. 키가 작은 구근식물은 흩뿌리 듯 심는 것이 좀 더 자연스러운 분위기를 만드는 데 좋다.

계절의 격차를 이용하자

만약 구근식물로만 구성된 화려한 화단을 만들고 싶다면 계절에 따라 구분을 하는 것도 좋다. 예를 들면 봄에 화려한 꽃을 피우는 구근(수선화, 튤립, 크로커스)을 심었다면 그 밑에 여름에 피는 구근(니라이니, 아가판투스, 백합, 달리아), 그리고 가을에 피는 구근(일부 달리아, 글라디올러스, 크로커스미아)을 함께 심어 1년 중 봄부터 가을까지 구근식물의 꽃을 감상할 수 있도록 만드는 것이다.

자연스러운 식물 디자인 방법

크로커스, 스노드롭처럼 작은 꽃을 피우는 구근식물을 너른 잔디나 혹은 큰 나무 밑에 자연스럽게 심어주면 초원풍의 풍광을 연출할 수 있다. 특히 자연스러운 분위기를 만들기 위해서 주사위나 돌멩이를 먼저 흩뿌린 뒤 떨어진 그 자리에 구근을 심어주면 매우 자연스러운 분위기를 연출할 수 있다.

구근식물 모아심기 요령

1 · 갈고리를 이용해 구근식물을 심을 자리를 파낸다.
2 · 뿌리가 아래로, 싹이 돋을 뾰족한 부분이 위를 향하도록 구근을 넣어준다.
3 · 흙을 다시 덮어준다.
4 · 들쥐나 야생동물이 구근을 파내 먹지 않도록 철망을 덮어 보호해준다. 새싹이 돋아 오르면 철망을 치워준다. (백합의 알뿌리는 감자와 비슷한 맛을 내는데 일본에서는 식재료로 이용하기도 한다.)

구근식물을 활용하면 마치 정원에 스포트라이트 조명을 설치하듯 특별한 강조의 효과를 볼 수 있다. 오일통과 화려한 튤립이 어우러져 강렬한 색채를 보여주고 있는 2013년 5월 네덜란드 쾨켄호프(Keukenhof)에 출품된 튤립정원.

구근식물을 심는 깊이

구근을 심을 때, 그 깊이는 작은 구근식물의 경우에는 알뿌리의
4배, 큰 구근의 경우는 3배 깊이로 묻어주는 것이 적당하다.

구근식물의 관리 요령

꽃대의 높이가 30센티미터 이상인 구근식물은 지지대를 세워준다

구근식물은 하나의 꽃대에 한 송이의 커다란 꽃이 매달리기 때문에 꽃대가 튼튼하지 않으
면 화려한 꽃을 피우는 것보다 꽃대를 살찌우는 데 힘을 쓴다. 그러므로 아름다운 꽃을 보
고 싶다면 꽃대가 휘청거리지 않도록 어릴 때부터 지지대를 활용해 잡아주는 것이 좋다.

누렇게 시드는 잎도 그대로 두어야 한다

꽃이 지고 나면 식물들은 빠른 속도로 잎이 누렇게 변색되며 시들어간다. 하지만 이때 보
기 싫다고 잎을 잘라내면 다음 해에 꽃을 보기 어려워진다. 구근식물은 잎이 누렇게 변색
이 될 때까지 모든 에너지를 알뿌리에 전달시키고 사그라진다. 때문에 이 시기를 기다려
주지 않으면 영양 부족으로 다음 해 꽃을 피우지 못한다.

액체 영양분을 준다

구근식물은 꽃이 화려하고 예쁜 만큼 많은 영양분을 필요로 한다. 꽃이 지고 난 직후 씨
앗을 맺고 있는 부분은 가위로 잘라버리고, 대신 토마토에 주는 액체 영양분을 넣어주면
다음 해에 더욱 탐스러운 꽃을 피운다.

추위에 약한 구근은 월동 조치가 필요하다

달리아, 글라디올러스, 베고니아는 추위에 약한 구근이기 때문에 꽃이 피고 잎이 완전히
시들 때까지 기다린 뒤 캐내어 별도 보관한다. 양파망을 이용하거나 신문지에 싼 다음 선
선하지만 영하로 내려가지 않는 창고나 냉장고 야채칸에 보관해주는 것이 좋다.

✳ 구근, 언제 어디서 구입할 수 있을까?

우리나라의 경우 구근식물 시장이 그리 다양하거나 크지 않아서 서양처럼 적기에 구근식물을 구입하기 어렵다. 또 제법 큰 도매 식물 판매점이 아니라면 알뿌리 자체를 구입하는 것도 어렵기 때문에, 꽃을 피울 무렵 식물 시장에 나온 구근식물을 구입한 뒤, 즉시 땅이나 화분에 심어 그해 꽃을 보고 그대로 두어 다음 해를 기다리는 것이 좋다. 현재 서울 수도권 내 식물 시장으로는 양재동 꽃시장, 남서울 화훼단지, 헌인릉 화훼단지 등이 대표적으로 봄에 꽃을 피우는 구근의 경우(튤립, 수선화)는 10월 중순부터 11월까지 판매된다. 이때 구입한 구근은 바로 심어주어야 다음 해 봄 꽃을 피운다.

✳ 손이 많이 가는 구근식물, 튤립

대부분의 구근식물은 한 번 심어놓으면 여러 해에 걸쳐 스스로 영양분을 만들어 저장소에 보관한 뒤 다시 아름다운 꽃을 피운다. 그러나 튤립의 경우는 매년 꽃이 지고 잎이 누렇게 될 때까지 기다린 뒤 알뿌리를 캐주는 것이 좋다. 캐놓은 알뿌리는 양파망과 같은 바람이 잘 통하는 자루에 넣어
서 선선하고 그늘진 곳에 보관한 뒤 가을에 다시 심어준다. 그래야만 다음 해에도 예쁜 튤립의 꽃을 볼 가능성이 높다. 그러나 불행하게도 매년 알뿌리를 캐내고 다시 심어주는 일을 반복해야 한다. (물론 그대로 두어도 다음 해 튤립 알뿌리에서 싹을 틔우지만 우리나라 기후에서는 동해를 입을 가능성이 많아 전년과 같은 탐스러운 꽃을 기대하기는 힘들다.) 게다가 더 안타까운 일은 현재 우리나라에 들어오는 튤립의 경우 대부분 네덜란드로부터 수입이 되는데 최근 종자회사들이 유전적 처리(genetic motified)를 해두어 한 해만 꽃을 피울 뿐 다음 해가 되면 전과 같은 화려한 꽃을 피우지 못한다. 이런 이유로 튤립화단을 꾸밀 경우에는 매번 새로운 튤립을 구입해야 하는 부담이 생기고 있다.

정원의 주인공은 식물만이 아니다. 자갈과 돌도 정원의 아름다운 요소가 되어준다. 자갈을 이용한 유럽 전통 정원의 한 형태인 파테르(Parterre).

자갈정원 만들기

건조함을 잘 견디는 식물로 구성된 자갈정원의 디자인

자갈정원이란?

자갈정원(Gravel Garden)이라는 말이 우리나라에서는 매우 생소할 듯하다. 자갈정원은 영국의 베스 샤토(Beth Chatto)라는 정원사가 성공시켜 전 세계적으로 크게 유행을 시킨 정원의 형태로, 땅이 건조해져도 잘 견딜 수 있는 식물을 모아 구성한 정원을 말한다. 일반적으로는 땅 위를 덮어주는 멀칭의 재료로 자갈을 덮어주기 때문에 그 모양에서 '자갈정원'이라는 용어가 생겨났다.

정원과 물 부족 현상

영국은 우리나라와 달리 겨울이 되면 우기로 접어들고, 여름은 오히려 온도가 우리나라의 여름처럼 높지 않으면서 매우 건조하다. 그래서 해마다 여름이면 방송에서는 가뭄으

전문가들은 정원에 물을 줄 때 물을 아끼는 방법의 하나로, 스프링클러 대신 물뿌리개를 이용해 식물의 뿌리 부분에 집중적으로 물 주기를 하는 방식을 권한다.

로 인한 물 부족 현상이 심각하니 정원에 물을 주는 일을 하지 말아 달라는 특별 캠페인이 펼쳐지기도 한다.

비가 많은 나라에서 물 걱정을 하다니! 조금은 놀라울 수도 있는데, 사실 영국은 하루에 한두 번 꼴로 비가 내리지만 우리나라에서 내리는 비처럼 굵고 지속적인 것이 아니라 안개비처럼 조금씩 흩뿌리듯 매일 오기 때문에 비가 와도 바람에 금세 옷이 마를 정도의 특별한 기후를 지니고 있다.

그런데 이런 물 부족 현상이 영국만의 특수한 상황은 아니다. 앞으로의 인류는 기름보다 더 심각한 물 부족 현상을 겪게 될 것이라는 전망이 지속적으로 나오고 있고, 풍성한 수자원을 자랑했던 우리나라도 물의 오염과 부족 증상이 벌써 시작됐다고 전문가들은 말한다.

바로 이런 맥락에서 마실 물을 걱정해야 할 시점에 정원에 원활하게 물을 매일 공급해준다는 것은 큰 문제가 아닐 수 없다. 자갈정원이 붐을 이룬 것은 1990년대 중반부터인데, 이때는 바로 전 세계적으로 물 부족에 대한 심각성이 알려지고 있던 시점이었다. 때문에 1년 내내 사람의 힘으로 물을 주지 않고 자연상태의 강수량만으로도 생존이 가능한 자갈정원은 큰 인기를 끌 수밖에 없었다.

영국의 정원사, 베스 샤토에게 배우는 자갈정원 만들기

꼭 물 부족 문제를 해결하자는 취지가 아니더라도, 물을 주지 않아도 생존이 가능한 화단을 조성할 수 있다면 얼마나 좋을까? 상상만 해도 즐거운 일이 아닐 수 없다. 그런데 이 자갈정원이 성공하기 위해서는 몇 가지 지켜야 할 원칙들이 있다.

먼저 자갈정원이라는 화단을 1991년에 시작해 지금까지도 멋지게 가꾸어내고 있는 정원사 베스 샤토의 조성법에서 그 노하우를 배울 수 있을 것 같다. 그녀가 자갈정원을 성공시킬 수 있었던 가장 근본에는 식물에 대한 철저한 공부가 있다. 그녀는 남편인 앤드류 샤토와 함께 전 세계를 여행하며 그 지역에서 자생하고 있는 식물들에 대해 관심을 가졌

다. 그리고 수 년 동안 꼼꼼히 기록으로 식물의 특징을 남겼고, 이를 통해 식물은 저마다 특별한 환경을 좋아하고, 그 환경만 만들어준다면 특별한 정원사의 노동력이 들어가지 않아도 잘 자랄 수 있다는 확신을 갖게 된다.

자갈정원이라는 콘셉트는 뉴질랜드 여행을 통해서 만들어졌다. 그녀는 척박한 자갈 위에서도 식물이 끄떡없이 자라고 있는 현장을 목격하고는 자신의 정원에 이 환경을 도입하기로 결심한다. 이때 그녀가 특별

베스 샤토는 화단을 나누어 구성한 다음 서로 다른 콘셉트로 식물 심기를 즐겼다. 산악지대에서 잘 자라는 고산식물과 건조함을 잘 견디는 식물로 구성된 화단의 모습.

히 자갈정원에 관심을 가질 수밖에 없었던 이유는, 바로 그녀가 살고 있는 지역이 영국 내에서도 가장 비가 적게 오고 건조한 지역이었기 때문이고, 더불어 차를 세워왔던 잔디 주차장을 화단으로 바꿀 계획을 세웠기 때문이었다. 그녀는 뉴질랜드에서 돌아온 뒤, 곧바로 건조함을 잘 견디며 자갈에서도 생존이 가능한 식물을 찾아 주차장을 비우고 화단 조성 작업을 시작했다. 그녀는 몇 년에 걸친 꼼꼼한 계획을 세웠는데, 그 계획을 잠깐 들여다보자.

자갈정원 만들기 순서

- 화단을 만들고 싶은 땅에 긴 호스 파이프를 가져와 화단의 모양을 만든다. (실제로 베스 샤토는 전문적인 도면을 그리지 않고, 호스 파이프를 이용해 땅에 직접 디자인하는 방법을 택했다.)
- 화단이 될 곳의 잔디와 잡초를 제거하기 위해 제초제를 뿌려준다. (화학 제초제의 사용이 꺼려진다면 좀 더 유기적인 방법으로, 검은 카펫이나 플라스틱 멀칭 재료로 1~2년 정도 화단 자리를 덮어주는 것이 좋다.)
- 한 달 정도 기다린 뒤 잡초와 잔디가 누렇게 죽게 되면 쇠갈고리로 뿌리까지 완전히 제거한다.
- 삽을 이용해 화단이 될 땅 전체를 깊숙이 파 뒤집어준다. (사람의 힘으로 파기 힘든 면적이라면 기계를 이용하는 것이 좋다.)
- 베스 샤토의 주차장은 실제로 식물을 키우기 힘들 정도로 진흙과 주차장을 위해 깔

아놓은 자갈, 모래 층이 두터웠다. 이런 열악한 땅의 환경을 이기기 위해 그녀는 퇴비를 갈아놓은 흙과 함께 섞어 20센티미터가 넘는 깊이로 두텁게 깔아주었다.

- 그 위에 자신이 조사한 건조함에 강한 식물을 심고, 그 위를 자갈로 다시 두텁게(10센티미터 이상) 멀칭해주었다.

자갈정원 관리 요령

자갈정원은 사람이 인공적으로 물을 주지 않아도 자연강우만으로 유지가 가능한 정원인만큼, 특별히 물에 대해 신경 쓸 필요는 없다. 그러나 10센티미터가 넘는 자갈을 두텁게 흙 위에 덮어주어도 간간이 잡초가 솟아나오는 것을 피할 수는 없다. 잡초는 자리를 잡기 전에 서둘러 뽑아주는 것이 좋고, 더불어 여름이 지나 씨를 맺게 된 후에는 뽑아낸다고 해도 씨가 온 화단에 이미 다 퍼져 있을 가능성이 높기 때문에, 봄과 초여름에 집중적으로 관리를 해줘야 한다.

자갈정원에 식물 심는 요령

식물을 심기 전, 커다란 양동이에 물을 가득 담아놓고 거기에 심어야 할 식물을 일단 빠뜨린다. 물에 빠진 식물이 물속으로 가라앉으며 (혹은 물이 들어가기 전까지 떠 있는 경우도 있다) 보글보글 물방울이 떠오르는데, 이 물방울 올라오는 것이 그칠 때까지 식물을 물속에 계속 담가두는 게 중요하다. 이후 파낸 구덩이에 식물을 심게 되면 잔뿌리가 건조해지지 않아 식물의 생존율이 매우 높아진다.

농장이나 화원에서 산 식물을 정원에 옮겨 심게 되면 반드시 한두 그루는 실패하게 되는 경험을 누구나 갖고 있을 것이다. 그 실패 원인 중에는 식물을 심을 때 식물의 뿌리가 10분 이상 공기 중에 노출되면서 발생하는 경우가 많다. 그렇기 때문에 식물의 잔뿌리가 물을 가득 머금을 수 있도록 하는 방법은 매우 효과적이다.

자갈정원 디자인 노하우

든든한 뒷배경이 될 식물을 먼저 구상하자

자갈정원의 전체를 벽처럼 감싸주는 생울타리를 쳐보자. 한쪽 면에는 랜란디 사이프러스 (*Cupressocyparis leylandij*)로 벽을 세우고, 다른 한 쪽은 잎이 촘촘하고 풍성한 관목으로 구성하면 자갈정원이 겨울철 강한 바람에 영향을 덜 받을 수 있다.

울타리 앞에 심을 큰 나무를 고르자

자갈정원은 가뭄에 강하고 햇볕을 좋아할 식물들 위주로 꾸며지기 때문에 짙은 그림자를 드리우는 잎이 크거나 많은 나무는 적합하지 않다. 이런 점을 감안해서 키가 크면서도 잎이 넓지 않은 자작나무(*Butula sp.*) 혹은 아카시아(*Robinia pseudoacacia*) 등이 적합하다.

눈을 사로잡는 포인트를 주자

작은 크기로 키운 사이프러스(*Cypress*), 향나무(*Juniperus sp.*), 제니시타(*Genista*. 노란 콩과 식물의 꽃을 피우는 나무)는 자갈정원에 멋진 포인트를 만들어준다.

기본이 되는 관목을 심자

얼핏 보면 크게 눈에 띄지는 않지만 화단에 풍성한 볼륨을 주는 작은 관목들은 매우 중요하다(회양목(*Buxus*), 개나리(*Forsythia*), 말채나무(*Cornus sp.*)). 이 관목을 잘 활용하면 정원 전체에 풍성함이 가득해진다.

꽃을 피우는 화려한 식물을 심자

우리나라 기후에서는 겨울을 보낼 수 있는지 월동 여부를 확인이 필요하다. 일반적으로는 라벤더(*Lavandula sp.* 우리나라 기후에서는 남부지방을 제외한 지역에서는 월동이 어렵다), 산톨리나(*Santolina*), 벨라타 프세이도디코암누스(*ballota pseudodictamnus*), 사철쑥 (*Artemisia capillaris*. 국화과 식물), 캐모마일(*Chamomile*. 국화과 식물), 페로브스키아(*Perovskia atriplicifolia*. 흔히 러시안 세이지로도 불린다. 라벤더와 모양이 흡사한데 꽃의 색상이 더 진하다. 우리나라에서는 라벤더보다 월동 가능 지역이 더 넓다)와 함께 튤립, 크로커스 등의 구근을 추가하면 봄부터 가을까지 꽃이 화려한 자갈정원을 만들 수 있다.

영국 엑시스 지방에 위치한 베스 샤토 정원. 이 정원은 원래 주차장으로 이용됐던 곳이다. 추위와 바람으로부터 초본식물을 보호하기 위해 3미터가 넘는 생울타리로 정원을 감쌌다. 자갈정원은 1년 내내 물 주기를 하지 않고 자연강수만으로 생존이 가능한 식물을 모아놓은 정원이다.

화단을 나누고 화단마다 다른 식물군을 심는다

화단을 여러 개로 나눈 뒤, 각 화단마다 다른 주제로 식물을 구성해보자. 예를 들면 봄에 꽃이 피는 화단, 여름에 꽃이 피는 화단. 계절별로 구별을 하거나 때로는 같은 지역에서 온 식물을 배치해 지중해성 식물, 뉴질랜드 사막식물과 같은 분류로 화단을 구성하는 것도 요령이다. 매우 넓고 큰 화단의 경우는 식물군을 네 가지 정도로 묶은 뒤, 같은 패턴을 반복적으로 심어서 복잡한 듯 보이지만 눈에 띄는 단순함을 보여주는 것이 좋다.

촘촘히 심는다

초본식물의 경우 빠르게 자라기 때문에 처음 심을 때 다 큰 크기를 고려해 듬성듬성 간격을 넓혀 심는 것이 보통이지만, 처음부터 촘촘히 빈자리가 없이 식물을 심는 것도 좋다. 이렇게 심었을 경우, 잡초가 파고들 공간이 적어지고, 더불어 식물들끼리 뿌리에서 수분을 좀 더 효율적으로 움켜쥐고 있기 때문에 건조함을 이겨내기에 좋다.

해마다 멀칭을 더해준다

멀칭은 흙을 보호하고 습기가 증발하는 것을 늦추어줄 뿐 아니라, 잡초가 거칠게 올라오는 것을 어느 정도 막아준다. 때문에 1년에 한 번씩 멀칭을 좀 더 보강해주는 것만으로도 화단을 풍성하고 깨끗하게 관리하는 데 큰 도움이 된다.

우리나라에서도 자갈정원이 성공할 수 있을까?

그렇다면 영국의 자갈정원을 우리나라로 가져와 그대로 만들 수 있을까? 영국과 우리나라는 같은 온대성 기후에 속해 있지만, 우리나라는 섬나라인 영국과는 매우 다른 강수량과 바람의 영향, 온도를 지니고 있다. 때문에 베스 샤토의 자갈정원의 아이디어를 가져올 수는 있지만 좀 더 구체적인 우리식의 연구가 필요하다. 우선 가장 먼저 생각해야 할 점이 식물의 구성이다. 베스 샤토는 자신의 자갈정원에 지중해 지역이 자생지인 식물들과 뉴질랜드의 사막에서 생존이 가능했던 식물들을 많이 도입했다. 물론 우리의 경우도 이런 식물군이 성공할 가능성이 높기는 하다. 그러나 우리나라의 경우 영국보다는 훨씬 더 추운 겨울이 찾아오기 때문에, 이들 식물들이 매섭고 건조한 겨울을 견딜 수 있는지에 대한 확인이 필요하다.

자갈과 같은 무기질 소재로 멀칭을 할 때는 멀칭의 깊이가 좀 더 깊어야 한다. 일반적으로 250밀리미터 정도의 깊이를 권장한다. 사진은 2013년 순천만국제정원박람회장에 선보인 오경아의 자갈정원으로 스크렁, 패랭이, 고우라, 갈대와 우리나라 들과 산에서 자생하는 종을 이용해 만들었다.

텃밭정원은 수확과 관상의 기쁨을 한꺼번에 누릴 수 있는 정원으로 세계적인 웰빙 열풍에 힘입어 더욱
큰 인기를 얻고 있다.

텃밭정원 만들기

보는 즐거움과 먹는 즐거움이 함께하는 텃밭정원의 디자인

'텃밭'과 '텃밭정원'

우리가 알고 있는 '텃밭'과 '텃밭정원'에는 어떤 차이점이 있을까? 정원을 디자인하는 입장에서 이야기를 풀어보자면 텃밭은 '먹을거리를 기르는 공간', 텃밭정원은 '먹을 수 있는 식물로 만든 정원'이라고 이해할 수 있을 듯하다. 즉 텃밭정원은 우리가 흔히 생각하는 텃밭과 달리 정원의 개념으로 우선 이해를 해야 할 듯하다.

먹을 것을 키운다, 키친가든

우리말로 하자면 텃밭정원이 되겠지만 유럽, 미국에서는 'Kitchen Garden', 'Vegetable Garden', 'Productive Garden' 등의 용어가 쓰인다. 키친가든이라는 말은 정원에서 수확한 채소와 과일을 직접 부엌에서 요리로 활용하는 것이 가능하기 때문에 붙여진 이름이고, 무엇인가 수확이 생긴다는 의미에서 '프로덕티브 가든'이라고도 한다.

유럽식 전통 키친가든, 담장의 정원

영국의 경우 키친가든을 칭할 때 흔히 '월드가든(Walled Garden)'이라는 용어를 사용하기도 한다. 그 이유는 키친가든에 사면으로 높은 담장(2~3미터 정도의 높이)을 치기 때문이다. 그렇다면 왜 키친가든에 이런 높은 담장을 쳤을까? 거기에는 여러 가지 복합적인 이유가 있다.

키친가든의 담장 효과

- 채소와 과일을 기르기 위해서는 바람의 영향을 가능한 많이 받지 않는 것이 좋다. 높은 담장은 바람을 막는 효과가 뛰어나다.
- 지지대가 필요한 일부 과실수(자두, 배, 사과 등)의 경우 담장에 철망으로 줄을 연결해 과실수의 열매를 벽에 붙여 키울 수 있다.
- 기타 도난이나 침입에 대한 예방 차원에서도 벽이 활용된다. 특히 채소와 과일의 경우 야생동물이 즐겨먹는 먹잇감이 되기 때문에 야생동물의 접근을 막기 위한 훌륭한 조치가 된다.
- 키친가든은 열매를 맺게 하기 위해서 거름을 많이 쓴다. 이때 동물의 분(糞)을 이용할 경우 냄새가 나는데, 높은 담장은 건물과 가까이 있는 키친가든의 냄새가 집 안으로 들어오지 않도록 차단하는 효과가 있다.

21세기 유럽의 키친가든 열풍

유럽 전통 방식의 키친가든은 대저택을 중심으로 그곳에 거주하는 인원 모두가 먹을 수 있는 대규모의 농장 형식이었다. 그러나 이런 방식의 키친가든은 1, 2차 세계대전 중 많은 정원사가 군대에 징집되어 사망이나 부상을 당하면서 인력 공급이 수월치 않아 점점 쇠퇴했다. 더욱이 대량 생산의 농업 방식으로 인해 값싼 농산물을 공급할 수 있게 되면서 키친가든은 더욱더 설 자리를 잃었다.

하지만 최근 정원이 점점 줄어들고 있는 상황에서도 키친가든은 새로운 형태의 정원으로 선풍적인 인기를 끌고 있다. 환경 오염으로 인해 안전한 먹을거리에 대한 걱정이 끊이지 않는 상황에서 텃밭정원은 내 손으로 직접 안전하고 신선한 농작물을 길러 먹을 수 있는 즐거움을 선사하고 있기 때문이다.

단 최근의 키친가든 경향은 전통적인 대규모 유럽형 담장정원보다는 크기는 작지만 화려한 꽃과 채소, 과실수를 함께 키워 관상의 의미가 좀 더 확대된 실용적 정원으로 더욱 발전되고 있다.

높은 담장으로 둘러싸인 키친가든은 영국에서는 종종 '월드가든'으로 불리기도 한다. 이때 담장은 과실수의 지지대가 되어주고, 바람을 막아주며, 야생동물의 접근을 막는 등 다목적 효과를 지닌다. 화학비료나 약품을 쓰지 않고 19세기 원예기법으로 텃밭정원을 운영하는 영국 오드리 엔드 정원(Audley End Garden)의 모습.

텃밭정원 구성하기

만약 정원 전체를 텃밭정원으로 만들고 싶다면, 우선 고려할 점이 몇 가지 있다. 정원을 만들기 전에 다음 사항들을 먼저 점검해보자.

- 채소와 과실수를 결정하자. 어떤 식물을 수확하고 키우고 싶은지가 가장 중요하다.
- 땅에 바로 정원을 꾸밀 것인지, 화단 형식으로 땅 위에 구역을 만들어 조성할 것인지를 결정하자. 맨 땅을 이용할 경우에는 땅을 갈아주고 거름을 보강해주는 일이 필수적이지만, 화단 형식으로 구성할 때는 땅을 갈아주지 않고 닫힌 공간에 퇴비를 넣어주는 형식으로 좀 더 간편하게 조성할 수 있다.

텃밭정원에 심은 채소와 과일의 수확을 극대화하기 위해서는 지지대나 벌레의 접근을 막는 그물, 식물을 추위로부터 보호해주는 종 모양의 덮개 등의 소품을 사용하면 좋다. 나아가 이런 소품들은 잘만 활용하면 관상 면에서도 훌륭한 정원의 요소가 된다.

• 최근에는 담장을 치는 전통적인 방식에서 벗어나 자유로운 형태의 텃밭정원 디자인이 유행이다. 그러나 담장의 기능성이 탁월한 만큼 별도 영역으로 담장을 친 정원으로 구성할지, 자유로운 디자인으로 구성할지에 대한 선택이 필요하다.

화단으로 만드는 채소밭

텃밭정원을 화단의 형식으로 땅 위에 설치하는 방식은 땅을 갈아주지 않고 식물의 특징에 맞게 거름을 선별해줄 수 있는 장점이 있다. 화단으로 만들 때 높이는 15~25센티미터 정도가 적당하고, 폭은 양쪽에서 모두 손을 뻗었을 때 닿을 수 있을 정도인 1.2미터 미만이 적당하다.

또한 적당한 간격을 두고 채소를 크게 키우는 것도 좋지만, 특히 잎채소나 허브의 경우는 촘촘히 심는 방식도 좋다. 식물을 촘촘히 심으면 성장이 둔해지기 때문에 서둘러 수확해야 하는 조급함을 피할 수 있고, 서로가 물기를 움켜쥐고 있기 때문에 물을 주는 양도 줄어들 수 있으며, 또 잡초가 파고들 틈을 줄이게 된다.

친환경 텃밭정원

텃밭정원의 가장 큰 매력은 건강한 채소와 과일의 수확이다. 일반적으로 시장에서 사는 채소와 과일에 비해 집에서 직접 수확한 열매가 맛있는 이유는 농약의 사용 여부에도 있겠지만, 유통 시간 때문이라고 봐야 한다.

모든 채소와 과일에는 천연의 설탕이 함유되어 있는데, 이 천연의 설탕 성분은 식물이 수명을 다하는 순간부터 빠르게 녹말 성분으로 변하기 때문에 특유의 단맛이 곧 사라진다. 그러니 지금의 유통 방식으로는 모든 채소가 그 특유의 단맛을 잃고 시장에 공급될 수밖에 없다. 크기가 작고 볼품이 없어도 직접 밭에서 따낸 채소가 훨씬 더 달고 맛있는 이유가 바로 여기 있는 셈이다.

그렇다면 좀 더 안전하고 맛있는 채소와 과일을 얻으려면 어떻게 해야 할까? 여기에 대한 해답으로 많은 정원사와 농부들은 화학적 농약 사용을 가능한 줄이고 자연 친화적인 방식으로 재배할 것을 권한다. 우선 전문가들이 권하는 몇 가지 방법을 살펴보자.

텃밭정원의 가장 큰 매력은 채소의 아름다운 잎과 관상용 꽃의 어우러짐이다. 양배추 잎사귀의 은초록빛과 패랭이꽃과 식물인 다이안투스(*Dianthussp*)의 진홍빛 색감이 보색 대비를 이루어 아름답다.

대규모의 무리한 텃밭 조성은 관리 면에서 매우 위험하다. 화단 형식으로 구획을 두어 필요한 채소를 가족 수에 알맞게 재배하는 요령이 필요하다. 기흥 전원주택 안에 오가든스가 조성한 키친가든 모습.

정원은 만들었을 때 얼마나 아름다운가보다 꾸준히 그 모습을 유지할 수 있는가가 더 중요하다. 그러므로 관리가 가능한 선에서 정원의 규모를 결정하는 것이 좋다. 2009년 서울리빙디자인페어 '오경아가 제안하는 키친가든'의 모습.

영양분을 식물에게 직접 주지 말고 흙에 주자

전문가들은 영양분을 식물에게 직접 주는 것은 위험 요소가 많기 때문에, 흙에 영양분을 주어 흙의 기운을 북돋아주고, 대신 흙이 식물을 키우도록 하는 방법을 권한다. 우선은 흙을 갈아엎어 딱딱해진 흙에 공기와 물이 들어갈 수 있도록 만들어준 다음, 여기에 나뭇잎이나 음식물로 만든 천연의 거름을 다시 넣어주면 흙은 새롭게 식물을 키울 수 있는 왕성한 기운을 회복하게 된다.

우리 집 거름은 우리 집에서 만들자

사다 쓰는 거름에 비해 집에서 직접 만드는 거름이 훨씬 더 영양분이 탁월하다는 것은 널리 알려진 사실이다. 장소가 허락한다면 직접 거름을 만들어 텃밭정원에 이용해볼 것을 권한다(65쪽 '흙과 거름 이야기' 참조).

식물이 스스로 병충해를 이기도록 기다려주자

병들어가는 식물을 바라보는 것은 고통스러운 일이다. 식물 입장에서 보면 병충해를 이겨내는 일은 사투에 가깝다. 식물로서도 살아남기 위해 안간힘을 쓰는 중인 만큼, 이 과정을 조금은 지켜봐줄 시간이 필요하다. 다만 식물 스스로 잘 이겨낼 수 있도록 주변에 병균이 찾아올 수 있는 썩은 식물이나 동물의 잔해를 깨끗이 치워주고, 흙에 영양분을 공급해준다면 식물의 자생력을 북돋우는 데 큰 도움이 된다.

텃밭정원의 가장 큰 매력은 관상의 효과와 더불어 직접 요리에 활용할 수 있는 수확물인 잎, 열매를 얻을 수 있다는 점이다. 우리나라는 역사적으로 텃밭 가꾸기에 대한 전문적인 노하우와 열정이 어느 나라보다 높다. 하지만 텃밭 자체를 정원으로 보기는 어렵다. 텃밭이 정원으로 탄생하기 위해서는 좀 더 미학적인 연구와 노력이 필요하다.

동반자가 될 수 있는 꽃을 심어주자

채소밭에 함께 심으면 관상 면에서도 보기 좋고 또 기능적으로도 도움이 되는 식물들이 있다. '동반식물(Companion plants)'이라고도 하는데 대표적으로 카렌듈라(금잔화)가 있다. 카렌듈라 꽃에서는 사람은 잘 맡지 못하는 특유의 향이 나는데, 이 향기가 채소에게 치명적인 흰파리를 쫓아 채소에 생길 수 있는 병충해를 어느 정도 막아준다(흰파리는 채소의 줄기에 알을 낳아 부화한 벌레가 식물의 줄기를 갉아먹고 크도록 만들어 채소에게는 치명적인 해를 입힌다). 그 외에도 관상용 식물에 꽃이 피면 나비와 벌이 날아들고, 이 나비와 벌을 보고 새가 찾아오고, 이 새가 벌레를 잡아먹는 등, 서로 먹고 먹히는 천적의 생태 사이클이 생겨 자연스럽게 병충해가 관리되는 효과가 생겨난다.

컨테이너 키친가든

최근 들어 텃밭정원이 전 세계적인 인기를 얻고 있는 것은 땅 없이 작은 화분에서도 얼마든지 식물의 재배가 가능해 도시에서도 정원을 꾸미기 적합하기 때문이기도 하다. 특히 상추 등의 잎채소와 토마토, 가지 등은 도시인들에게 가장 큰 사랑을 받고 있는 품목으로 이렇게 잎채소와 열매채소들을 화분에 키우는 것을 '컨테이너 키친가든'이라고 한다.

일단 컨테이너 키친가든을 만들 때 가장 중요한 점은 알맞은 크기와 모양의 화분을 고르는 것인데, 이 부분은 선택이 폭이 아주 넓다. 주방에서 쓰다 버린 냄비 등의 용기를 포함해서 스티로폼 용기, 나무상자, 진흙 화분, 플라스틱 화분 등 무엇이라도 가능하다. 다만 디자인적 관점에서 봤을 때, 다양한 재료를 너무 많이 섞어놓으면 자칫 지저분해질 수 있으니 한 종류의 화분으로 통일해 다양한 채소를 심어주는 것이 좋다. 일반적으로 잎채소의 경우는 깊이가 깊지 않아도 되지만 뿌리채소(무, 총각무, 당근 등)는 깊이가 적어도 300밀리미터 정도의 용기를 사용하는 것이 적합하다.

텃밭정원, 아름답게 디자인하는 법

텃밭정원의 디자인은 가능한 한 채소와 과실수가 잘 자랄 수 있도록 기능성을 살리면서 깔끔하게 마무리해주는 것이 관건이다.

도시의 작은 공간에서도 컨테이너(화분)를 이용하면 텃밭정원을 만드는 일이 얼마든지 가능하다. 주방에서 다 쓰고 버릴 냄비를 활용할 수도 있고, 디자인적으로 세련되게 만들어진 별도의 용기를 사용할 수도 있다. 특히 흙이 귀한 도심에서는 옥상이나 베란다에서도 이 컨테이너를 이용해 작은 텃밭정원을 만들 수 있다.

아치 위에 엎어진 포도나무에 포도가 주렁주렁 열렸다. 텃밭과 텃밭정원의 가장 큰 차이점은, 텃밭은 열매나 수확물의 품질에 초점 맞춰져 있다면, 텃밭정원은 설령 먹을거리의 양과 질이 떨어진다 할지라도 정원으로써 아름다움이 어느 정도인가에 더 많은 의미를 준다는 점이다.

보는 즐거움과 먹는 즐거움, 거기에 건강한 원예 활동까지 누릴 수 있는 텃밭정원은 일석삼조의 효과를 누릴 수 있다. 집처럼 만들어놓은 토마토 지지대. 기흥집 텃밭정원(오가든스 시공).

최근 들어 텃밭정원은 아웃도어 리빙에 적합한 형태로 각광받고 있다. 정원에서 직접 수확한 채소를 정원의 식탁에서 바로 먹을 수 있으며 손님 접대의 공간으로 활용할 수도 있다. 영국 챌시 플라워쇼에 출품된 텃밭정원 디자인의 사례.

지지대의 디자인을 차별화해보자

완두콩 등 덩굴이 지는 식물은 지지대가 필수적인데, 이 지지대의 디자인이 텃밭정원을 완성하는 디자인적 요소가 된다.

채소와 꽃식물의 식물 디자인의 차별화

채소에서 피는 꽃도 매우 아름답다. 그러나 그 피어나는 시기가 매우 짧아 관상용으로는 적합하지 않다. 그래서 채소의 잎을 배경으로 그 옆에 아름다운 1년생 꽃식물을 관상용으로 함께 배치하면 좀 더 풍성하고 아름다운 텃밭정원을 만들 수 있다. 이때 채소 잎의 색상과 꽃의 색감을 통일하거나 대비시키는 등의 디자인 감각을 동원해보자.

아치나 벤치 등의 구조물을 살려보자

텃밭정원은 잔손길이 많이 가는 정원이다. 때문에 기능적인 이유에서도 일하는 중간에 잠시 쉴 수 있는 쉼터와 같은 공간이 반드시 필요하다. 디자인적 차원에서는 텃밭정원과 잘 어우러질 수 있는 소박한 쉼터, 연장집 등의 디자인이 편안함을 돋보이게 한다.

아웃도어 리빙 공간으로 만들어낸 텃밭정원

유럽의 경우, 텃밭정원을 아예 바깥 공간에 설치된 거실의 개념으로 재해석하는 방식이 열풍이다. 특히 벽난로 겸 피자를 구울 수 있는 화덕, 싱크대를 곁들여 손님 접대를 위한 바깥 공간으로 활용한다. 정원이 점점 없어지는 도시에서는 주로 건물의 옥상에 이런 형태의 정원이 많이 만들어져 새로운 쉼터이자 생활공간으로 조성되는 사례가 점점 많아지고 있다.

❋ 유럽 전통 키친가든에서 배우는 노하우

1 · 경작물 바꿔 심기

채소의 경우 크게 잎채소(상추, 치커리, 쑥갓), 뿌리채소(당근, 양파, 무), 배추류(양배추, 배추), 콩과 식물(강낭콩, 완두콩), 이렇게 네 가지 구별이 가능하다.

각각의 도랑에 네 종류의 채소류를 구별해 모아 심고, 다음 해에는 한 칸씩 자리를 바꿔 다시 심어주자. 모든 작물이 같은 영양소를 필요로 하는 것이 아니기 때문에 바꿔 심기를 해 주면 거름의 양을 줄이면서 특정 병충해의 공격도 피할 수 있다. 특히 콩과의 식물은 성장에 필요한 질소 영양분을 땅에 남겨놓기 때문에, 다음 해에 그 자리에 거름을 많이 필요로 하는 잎채소나 뿌리채소를 심어주면 효과적이다.

2 · 잎채소는 서늘하고 그늘진 곳에 심어라

채소를 심을 자리를 선정하는 것도 중요하다. 모든 채소가 햇볕이 잘 드는 곳을 좋아하지는 않는다. 특히 물을 좋아하는 잎채소를 남향에 심었을 때에는 잎이 타들어가는 현상이 발생 한다. 잎채소는 과실수 밑이나 콩과 식물 등 키가 큰 식물의 밑에 심어주면 반그늘 속에서 좀 더 부드럽고 물기가 많은 잎이 만들어진다.

3 · 호박과의 식물은 영양분을 듬뿍 주자

잎채소와 뿌리채소는 많은 영양분을 필요로 하지 않기 때문에 다목적 거름만으로도 충분하 지만 호박, 오이 등은 열매를 맺는 데 많은 영양분이 필요하다. 때문에 동물의 분을 이용하 거나 혹은 푹 썩혀 영양분이 많은 거름을 별도로 써주어야 양질의 수확물을 얻을 수 있다. 바꿔 심기를 이용해 콩과의 식물을 심었던 자리에 이런 배가 고픈 호박, 오이군의 채소를 심 어주는 것 또한 안성맞춤이다.

물의 정원은 다양한 수생식물의 디자인으로 더욱 풍성하고 아름다워진다. 동서양을 막론하고 정원 안에 물을 끌어들이고 어떻게 다시 흘러가게 하는가는 정원 디자인의 중요한 요건이었다. 물의 정원은 이제 단순한 흐름과 형태만을 보여주기보다는 다양한 수생식물을 심어 더욱 생태적인 모습을 연출하는 것이 최근의 경향이다.

물의 정원 만들기

연못, 분수, 폭포, 수로가 있는 물의 정원 디자인

물의 정원이란?

물의 정원은 연못, 분수, 수로 등의 물을 이용해 구성되는 정원을 말한다. 디자인적으로는
1) 자연스러운 형태의 호수나 연못 정원, 2) 기하학적 문양이나 패턴을 반복시키는 포멀
정원(Formal water garden), 3) 분수나 폭포 등의 특별 시설물을 사용한 정원 등으로 분
류할 수 있다. 동양에서는 거의 대부분 물의 흐름을 역류시키지 않고 자연스럽게 모으거
나 흐르도록 하는 디자인이 큰 주류를 이뤘다면, 서양의 경우는 분수와 수로처럼 물을 끌
어올리고 뿜어내는 물의 정원 디자인이 크게 발달했다.

물의 정원의 역사

'정원의 주인공은 누구일까?'라는 질문을 해본다면 지금으로서는 '식물'이라는 답이 가장

먼저 떠오를 테지만, '식물'이 정원이 주인공으로 자리매김하게 된 역사는 그리 길지 않다. 식물이 정원의 주인공이 된 시점은 상업적인 식물 시장이 본격적으로 형성되기 시작한 19세기 말부터였다. 그렇다면 그전까지 정원의 주인공은? 바로 '물'이었다.

폭포의 형태와 분수가 합성된 물의 정원. 이탈리아의 빌라데스테 정원의 폭포.

물의 정원은 동양에서는 중국, 서양에서는 페르시아와 이집트 정원에서 그 뿌리를 찾을 수 있다. 중국(일본과 우리나라 포함)이 풍부한 물을 이용해 호수와 계류(溪流. 산골짜기를 흐르는 시냇물)와 같이 자연스럽게 물이 담기고 흘러가도록 정원을 조성했다면, 페르시아와 이집트는 물을 먼 곳으로부터 끌어와야 했기 때문에 수로가 발달하고 더불어 물을 뿜어내는 분수와 같은 특별한 형태의 시설물이 발달했다. 그런데 물을 끌어올리기 위해서는 곡선보다는 직선이 기능적으로 큰 장점을 지녔기 때문에 서양의 정원 문화 속 물의 정원은 직선과 기하학적 문양이 매우 선호되었다. 또 물을 얼마만큼 힘차게 끌어올리고 흘려보낼 수 있는지의 기술적 측면이 매우

물을 억지로 흐르게 하거나 솟구치게 하는 역동적인 디자인이 아니라, 잔잔한 물결을 감상하도록 만든 고요한 물의 정원. 영국의 파운틴 아비(Fountain Abbey)의 호수정원.

강조되어 물의 정원은 과학, 특히 엔지니어링의 발달과 매우 밀접한 관계를 맺었다. 즉 물의 정원 디자인은 철저한 물의 양 조절과 수압을 이용하는 고도의 계산을 필요로 해 정원 디자이너보다는 엔지니어가 직접 디자인을 하는 경우도 많았다.

물의 정원과 수생식물

서양에서는 물의 정원이라고 해도 인공적인 구성이 매우 강했기 때문에 물 안에서 식물

16세기에 만들어진 이탈리아의 정원. 빌라데스테(Villa d'Este)의 분수. 서구 유럽의 정원은 그 탄생의 역사가 수십 킬로미터 떨어진 물길에서 어떻게 내 집 정원으로 그 물을 끌어와 담을 수 있느냐에서 시작됐다. 바로 이런 이유에서 역설적으로 물이 부족한 곳일수록 화려한 물의 정원이 탄생했다.

을 키우는 이른바 '아쿠아 플랜팅(Aqua planting)'이 인기를 끌지는 못했다. 하지만 우리나라의 경우는 자연스러운 형태의 연못과 호수의 조성이 선호되어 연이나 창포 등과 같이 물속에서 자라는 식물이 함께 디자인됐다. 취향에 따라서 물의 정원에 수생식물을 키울 수도 있고 그렇지 않을 수도 있지만, 정원의 관리 측면에서 수생식물은 연못 자체가 정화력을 갖도록 하는 데 큰 도움을 준다.

- 물의 자체 정화력이 강화되어 연못을 관리하기가 좀 더 쉬워진다.
- 야생동물의 먹이사슬이 형성되기 때문에 자연 친화적인 정원이 가능하다.
- 다양한 수생식물 디자인이 가능하다.

수생식물의 종류

그렇다면 물속에서 키울 수 있는 식물에는 어떤 것들이 있을까? 우선 물속에서 자라는 식물이라고 해도 그 습성이 매우 다르다. 수생식물은 크게 세 종류로 분류된다.

물에 잠겨 사는 식물군(Submerged plants)

- 뿌리를 완전히 물속에 둔 채 잎을 수면 위로 내보내 광합성을 하는 식물.
- 대표 식물로는 연(*Nelumbo sp.*), 물칸나(*Canna*), 수련(*Nymphaeaceae*)이 있다.

물에 떠서 자라는 식물군(Floating plants)

- 뿌리를 흙에 두지 않고 물에 뜬 채로 자라는 식물군.
- 대표 식물로는 부레옥잠(*Eichhornia*), 물상추(*Pistia*), 개구리밥(*Spirodela polyhiza*)이 있다.

물가 주변에 뿌리를 살짝 담그고 사는 식물군(Marginal plants)

- 식물 전체가 물에 잠기지 않고 뿌리 부분만 10~20센티미터 정도 물에 잠겨서 사는 식물.
- 주로 물가 주변에서 자라기 때문에 영어권에서는 'marginal plants'라고 부른다.
- 대표 식물로는 갈대(*Poaceae*), 창포(*Acorus calamus*)가 있다.

대구 달성 삼가헌의 연당(蓮堂). 연당은 연꽃을 구경하기 위해 연못가에 지어놓은 정자로, 연못에 가득 연을 심어 여름부터 가을까지 꽃과 잎 그리고 뿌리와 씨앗을 함께 즐겼다. 이처럼 우리나라의 전통 정원은 일반적으로 연못을 조성한 뒤 그곳에 알맞은 수생식물을 심어 식물과 물이 좀 더 잘 어우러지도록 디자인했다.

자연 속 계곡에 잘 심어진 수국의 꽃이 아름답다. 수국은 뿌리를 물속에 두지는 않지만, 물이 많은 땅을 좋아하기 때문에 물가에 심었을 때 화려한 꽃을 피운다. 영국 로즈무어 정원(Rosemoor Garden)의 계곡 디자인.

그 외에도 늪과 같은 진흙땅에서 자라는 식물도 수생식물의 일종으로 분류된다. 수생식물을 디자인할 때는 바로 이런 수생식물의 습성과 자생지 특징을 이용, 정확한 식물심기와 관리가 필요하다.

수생식물 디자인 요령

식물을 디자인하는 데 있어서 중요한 교과서는 자연에 있다. 자연 스스로가 조성한 연못을 잘 살펴보면 다양한 식물군이 그 특성에 맞게 자리를 잡고 있음을 알 수 있다. 즉 연못의 가장 가장자리에는 뿌리만을 물속에 담그고 사는 갈대류 식물이 자라고, 물 위에는 물에 뜨는 물상추, 개구리밥 등이 수면을 덮어준다. 그리고 물속에 뿌리를 두고 있는 연과 같은 수생식물은 연못의 가장 깊은 부분에 자리하고 있다. 식물의 습성을 잘 이해한 식물 디자인은 연못 스스로가 자생력을 갖게 하여 그만큼 관리도 수월해진다. 또 물은 야생동물을 불러들이는 원천으로 개구리, 두꺼비, 수생곤충들이 살 수 있는 장소를 제공한다.

수생식물의 관리

물속에서 자라는 식물도 그 관리법은 땅에서 자라는 식물과 거의 같다. 중요한 점은 땅에서 자라는 식물처럼, 수생식물들도 다년생의 경우 대부분 가을이 오면 광합성 작용을 멈추고 월동을 위한 채비를 한다는 점이다.

가을이 되면 연과 같은 식물은 잎사귀를 물속에 떨어뜨린 채 뿌리만 살아남게 되는데, 이때 연못에 떨어지는 낙엽이 섞이면서 연못 물을 오염시키는 원인이 된다. 다년생 수생식물의 관리를 위한 가장 좋은 방법은 겨울이 오기 전 뿌리를 캐낸 뒤, 죽은 나뭇잎이나 줄기를 잘라 깨끗이 정리하고 망화분에 담아 보관을 해두었다 다시 봄이 되었을 때 연못에 심어주는 것이다.

화분에 일일이 연을 담아 두기 곤란하다면 적어도 한 번은 뿌리째 캐내 손질을 한 뒤 다시 연못에 넣어두는 작업만이라도 해두자. 식물을 캐내지 않고 그래도 둔 채로 수년 간 식물을 키우게 되면 땅이 딱딱하게 굳어지는 것은 물론이고, 물이 오염되어 원치 않는 수생잡초가 여름에 기하급수적으로 늘어나는 원인이 될 수 있다.

✳ 바빌론의 공중정원은 어떻게 만들어졌을까?

한때 세계 7대 불가사의 가운데 하나였던 '바빌론의 공중정원(Hanging garden of Babylon)' 은 지금으로서는 문헌상으로만 남아 있을 뿐 그 흔적을 찾을 길 없지만, 아마도 기원전 500년대 에 만들어진 거대한 인공정원이었을 것으로 추측하고 있다. 바빌론은 지리학상으로 지금의 이 라크 바그다드 인근을 말한다. 당시 바빌론의 왕이었던 네부카드네자르 2세(Nebuchadnezzar, 재위 BC 602~562)는 멀리 이웃나라에서 데려온 왕비가 고향을 그리워하며 향수병을 앓자 그 녀가 살았던 곳과 비슷한 환경을 만들어주기 위해 인공의 산을 조성해 그곳에 정원을 만들었 다고 전해진다. 그런데 이 정원의 높이가 현대 건축물로 따지면 10층 정도에 이르렀기에, 과연 이 높이까지 어떻게 물을 끌어와 식물에게 공급했을까 하는 것이 아직도 수수께끼다.

학자들은 공중정원이 사라지게 된 원인을 기원전 2세기에 있었던 몇 차례의 지진으로 보 는데, 정원은 사라졌지만 그리스와 로마의 시인들에 의해 공중정원의 이야기가 문헌으로 전 해지면서 지금까지도 실재했던 것으로 여겨진다. 다만 오늘날까지도 그 정확한 장소와 흔적 을 찾지 못하고 있어서 당시 공중정원의 위용이 얼마나 대단했는지는 정확하지 않다. 다만 거기에 사용된 물의 양을 계산해 그 규모를 추측할 뿐인데, 문헌의 기록을 종합했을 때 공중 정원에는 하루에 3만 7,000리터의 물이 사용되었던 것으로 과학자들은 추정한다.

16세기의 네덜란드 화가인 마르텐 반 헤엠스케 르크가 상상력을 동원해 만든 바빌론의 공중정원 모습. 실제의 공중정원 모습이 어떠했는지는 알 길이 없으나 아마도 이와 비슷했을 것이라고 많 은 과학자들은 추측한다.

❈ 산소를 만들어내는 수생식물

연못을 관리하는 데 있어 가장 어려운 점은 역시 물의 오염이다. 한곳에 가두어진 물은 쉽게 썩을 수 있는데 이때 물 밑의 흙에 뿌리를 두고 자라는 수생식물은 물속 영양분을 흡수하는 과정을 통해 물을 정화시킨다. 더불어 물속에서 광합성 작용을 위해 호흡을 하기 때문에 연못에 산소를 공급해 물이 깨끗하게 유지될 수 있도록 도와준다.

여기서 한 가지 주의할 점이 있다. 물속의 식물도 햇빛을 필요로 하기 때문에 물에 떠서 자라는 식물이 물의 표면을 지나치게 많이 덮어버리면 물 밑에 뿌리를 두고 있는 식물이 죽게 되면서 급속도로 물이 오염될 수 있다. 바로 이런 이유 때문에 일반적으로 연못의 표면이 식물의 잎으로 50~60퍼센트 이상은 덮이지 않도록 주의해야 한다.

❈ 물의 정원과 물고기

동서양을 불문하고 고대문명 속의 정원 문화를 살펴보면 '물고기가 있는 연못(Fish Pond)'이라는 물의 공간이 등장한다. 이것은 말 그대로 물고기를 길렀던 연못으로, 특히 중국에서는 비단잉어와 같은 관상용 물고기를 수생식물과 함께 길러 좀 더 역동적인 느낌을 강조했다. 반면 고대 이집트에서는 연못에 식용이 가능한 물고기를 넣어 필요 시 바로 요리에 사용하는 보다 실용적인 방식을 택했다.

연못에 물고기를 기를 때 얻을 수 있는 가장 큰 장점은 연못 물속 환경이 지나치게 영양분으로 가득 차는 것을 막아주어 좀 더 깨끗한 연못 관리가 가능해진다는 것이다. 더불어 우리나라와 같이 여름철이 고온다습한 기후에서는 연못 속에 알을 낳는 모기의 번식을 걱정하지 않을 수 없는데, 모기의 유충을 먹이로 삼는 물고기를 기른다면 모기의 번식을 상당 부분 막을 수 있다.

✳ 수생식물 구성 요령

인공적으로 파놓은 연못은 여름철 쉽게 오염이 되고는 한다. 연못에 심긴 다양한 수생식물 군은 연못 속에 산소를 공급하고, 오염된 물을 정화시키는 역할을 한다. 연못에 식물을 심을 때에는 수생식물의 특징을 잘 파악해 1) 깊은 물속에 잠겨 사는 식물군, 2) 얕은 물에서 사는 식물군, 3) 물가에 사는 식물군, 4) 물에 떠서 사는 식물군 등으로 구별을 해준다.

연못을 팔 때에는 수생식물을 심을 수 있도록 단을 두는 것이 좋다(아래 그림 참조). 수생 식물을 심을 때에는 연못 속 흙에 직접 식물을 심을 수도 있지만, 식물이 지나치게 번식하는 것을 방지하기 위해서는 망으로 만들어진 화분 속에 식물을 심는 것이 효율적이다. 필요할 시에는 화분에서 식물의 뿌리를 꺼내 관리하고 다시 심어주면 된다.

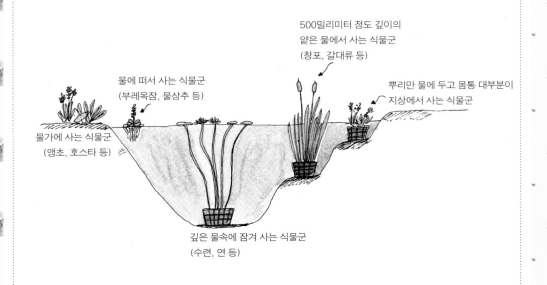

500밀리미터 정도 깊이의
얕은 물에서 사는 식물군
(창포, 갈대류 등)

물에 떠서 사는 식물군
(부레옥잠, 물상추 등)

뿌리만 물에 두고 몸통 대부분이
지상에서 사는 식물군

물가에 사는 식물군
(앵초, 호스타 등)

깊은 물속에 잠겨 사는 식물군
(수련, 연 등)

작은 용기에 담긴 식물의 세계, 컨테이너정원은 정원이 점점 사라지고 있는 현대에 또 다른 형태의 정원
으로 더욱 각광받고 있다.

컨테이너정원 만들기

식물을 담는 용기도 예술이 되는 컨테이너정원의 디자인

컨테이너정원이란?

컨테이너정원이란 무엇일까? 'contain'이란 영어는 '담다'라는 동사이고, 여기에서 나온 명사가 '물건을 담는 용기(容器)'라는 뜻으로 'container'가 된다. 이것을 우리말로 옮기면 '화분(花盆)'이라는 말이 가능할 텐데, 이때 '분(盆)'이 질그릇을 뜻하고 있어서 축소된 의미일 수밖에 없다.

결론적으로 컨테이너는 질그릇, 테라코타, 콘크리트, 고무 등의 모든 재질을 다 포함해 '담을 수 있는 용기'를 뜻하고, 컨테이너정원은 이런 용기에 식물을 심어 만들 수 있는 정원을 말한다.

컨테이너정원의 역사

식물을 땅에 심지 않고 용기에 담아서 키우는 방식은 언제, 누가 시작했을까? 지금까지 밝혀진 기록을 종합해보면 아마도 이집트의 람세스 3세(?~BC 1156) 때부터 컨테이너에 식물을 키웠으며, 컨테이너에 식물을 담아 키우도록 지시한 사람 또한 람세스 3세로 보고 있다. 람세스가 식물을 용기에 담아 키우라고 명령한 것은 신전 주변을 꽃으로 화려하게 장식하기 위해서였다. 당시 컨테이너에 심어 기른 식물은 파피루스와 꽃을 피우는 여러 종의 식물과 관목이었던 것으로 알려져 있다.

이후 이집트에서 시작된 이 컨테이너정원은 당시 서로 왕래가 많았던 그리스로 건너간다. 지금도 바다에 인접해 있는 그리스 시골마을에서는 골목의 집집마다 집 앞, 창문가에 화분을 내어놓고 기르는 모습을 많이 볼 수 있는데, 이러한 전통이 이미 이 시절부터 시작된 셈이다. 특히 그리스 여인들은 아도니스 축제를 위해 집에서 직접 기른 보리, 펜넬(fennel. 지중해 연안이 원산지인 허브의 일종), 상추 등을 장식된 화분에 키워 집의 옥상에 올려두고는 했는데, 바로 여기에서 '옥상정원(roof garden)'이 시작됐다고 볼 수 있다.

유럽의 오래된 도시들은 도시 속 컨테이너정원이 잘 발달되어 있다. 창가를 장식하고 있는 작은 컨테이너정원은 'window box'라 불린다. 컨테이너정원은 식물을 키울 만한 땅이 없는 도시에서도 얼마든지 작지만 아름다운 정원 연출을 가능하게 한다.

화장실에 연출한 컨테이너정원. 컨테이너정원은 빛과 공기의 순환이 원활하지 않는 실내에서도 연출이 가능하다. 다만 실내에 컨테이너정원을 만들 때에는 실내에서 잘 자랄 수 있는 식물을 선택하는 것이 중요하고, 인공조명을 통해서라도 빛을 확보해주고, 더불어 환기를 자주 시켜 식물이 잘 살 수 있도록 도와주는 것이 필요하다.

컨테이너정원과 아파트가 만나면?

영국에서 정원 공부를 마친 뒤 한국으로 돌아온 나에게 가장 큰 고민은 '아파트'라는 주거환경이었다. 점점 더 정원이 줄어들고 있기는 하지만, 영국은 국민 한 사람이 보유하고 있는 정원의 면적이 세계에서 가장 넓은 나라다. 그러니 자신의 정원을 가꾸고 디자인하는 일이 매우 일상적이고 당연할 수밖에 없다.

그러나 이미 변해버린 우리의 가옥구조는 마당이나 정원의 공간을 없애버린 지 오래다. 이런 환경 속에서 우리가 만들 수 있는 정원은 무엇일까? 여기에 대한 해답으로 나는 컨테이너정원을 가장 먼저 떠올렸다. 컨테이너정원은 장소의 크기에 상관없이 만들 수 있고, 더불어 실내와 실외를 구별하지 않고 다양한 연출이 가능하다. 특히 주거공간에 베란다가 있다면 베란다정원이라는 새로운 시도도 가능해진다.

실내용과 실외용 컨테이너정원

컨테이너정원을 만들기 전에 우선 생각해야 할 것은 화분을 실내에 둘 것인가, 밖(혹은 베란다)에 둘 것인가의 구별이다. 실내에서 식물을 길러야 한다면 우선 실내에서 잘 자랄 수 있는 식물을 선정해야 하고(215쪽 '실내식물 이야기', 231쪽 '실내식물 관리 요령' 참조), 베란다 혹은 실외에 화분을 놓는다면 우리나라의 자생종 식물이나 온대성 기후지역의 식물, 일부 다육식물 등을 키우는 것이 가능해진다.

돌 화분에 심은 야생화들. 야생화 또한 컨테이너를 이용해 작게 잘 키울 수 있는 작은 정원. 환기가 원활한 베란다라면 야생화 컨테이너정원도 충분히 가능하다.

실내용 컨테이너정원에도 용기에 배수구를 뚫는 방법과 배수구 없는 용기를 하나 더 받쳐서 쓰는 방식이 있다. 배수구를 뚫어놓는 것은 우리가 흔히 알고 있는 방식으로, 물을 주었을 때 물이 화분 밖으로 빠져나간다. 그러나 배수구가 없는 화분은 물을 주고 나면 물이 바깥쪽 화분에 그대로 남아 있게 된다.

이 방법은 아직은 우리나라에 많이 도입되지 않아 조금은 생소할 수 있는데 실내식물을 관리하는 데는 좀 더 쉽고 편리하다. 화분에 물을 주면 그 물이 더 큰 용기의 컨테이너 안에 일정 시간 동안 고여 있을 수 있어 이 물이 다시 자연스럽게 뿌리로 흡수되거나 혹은 실내공기 중으로 증발된다. 때문에 화분 위에 배수구 없는 큰 컨테이너로 다시 감싸주는 방식을 택했다면 배수가 되는 화분에 비해 물 주는 횟수를 줄이는 것이 좋다. 요즘 서양에서는 배수구 없는 컨테이너를 이용하는 것이 관리도 수월하고 미관상 보기에도 좋아 더 많이 선호되고 있다.

컨테이너정원의 시작, 컨테이너 고르기

컨테이너정원을 만들기 위해서는 무엇보다 컨테이너를 잘 골라야 한다. 컨테이너를 고를 때는 어떤 재료로 만들어진 컨테이너를 고를 것인가, 깊이, 크기, 모양, 색감 등을 다각적으로 고려하는 것이 좋다.

컨테이너의 재료
현재 시장에서 판매되고 있는 컨테이너의 종류를 보면 돌, 콘크리트, 압축 플라스틱, 진흙 등이 있다. 어떤 재료로 만들어진 컨테이너를 선택할 것인가는 식물의 특징에 따라 달라질 수 있는데, 일반적으로 물을 좋아하는 식물은 진흙 화분을 쓰지 않는 것이 좋다. 유약이 없는 진흙 화분의 경우, 물을 주었을 때 물기가 밖으로 빠져나가 쉽게 건조되기 때문에 건조함을 좋아하는 다육식물이나 일부 지중해 연안을 자생지로 두고 있는 허브(라벤더, 로즈마리)가 적합하다.

컨테이너의 재질을 고를 때 중요한 고려사항 중 하나가 우리나라의 경우, 겨울이면 영하로 급속하게 기온이 내려갈 수 있다는 점이다. 일부 플라스틱 화분, 혹은 옹기, 질그릇, 도자기로 만들어진 화분은 겨울철 흙이 얼어 팽창하는 힘을 이기지 못해 화분이 깨지기 쉽다. 때문에 이런 용기를 택했다면 겨울이 되었을 때 집 안으로 들여놓거나, 혹은 집 안에 들여놓을 조건이 되지 않는다면 압축고무나 나무, 돌 등의 소재를 선택하는 것이 좋다.

컨테이너의 크기와 깊이
키가 작고 뿌리가 깊지 않은 초본식물을 키운다면 컨테이너가 크고 깊을 필요가 없지만,

나무나 관목을 키우고 싶다면 컨테이너의 크기와 깊이가 뿌리를 다 담을 수 있을 정도여야 한다. 최근의 경향을 살펴보면 초본식물 특히 1년생 꽃식물(팬지, 피튜니아, 봉숭아)을 단조롭게 심는 방법에서 벗어나 장기적으로 키울 수 있는 작은 나무를 심고, 그 주변에 초본식물을 계절별로 바꾸어 심어주는 컨테이너정원이 크게 인기를 끌고 있다.

컨테이너의 색상과 모양

컨테이너정원은 식물을 담는 용기가 얼마나 식물과 어울리게 연출될 수 있는지가 매우 중요하다. 때문에 컨테이너의 색상이나 모양이 식물을 담기에 알맞고, 전체적인 집 안 분위기와도 잘 맞아야 한다. 집 전체가 모던하고 단순하다면 용기도 메탈이나 색상이 화려한 플라스틱 컨테이너를 활용하는 것이 좋고, 시골풍의 소박한 분위기로 꾸며졌다면 테라코타분이나 나무로 만든 컨테이너가 적격이다.

그 외에도 눈에 띄는 감각적이고 독특한 모양의 컨테이너를 구입해 식물을 심는다면 훌륭한 인테리어 효과를 볼 수 있다. 또 외부 정원에도 화분을 넣어주면 단조롭지 않으면서도 화려한 정원 디자인의 효과를 낼 수 있다.

컨테이너를 고를 때 가장 주의할 점은 심을 식물과의 조화다. 사진 위는 나무 소재의 컨테이너 위에 자유롭게 흐드러지는 식물을 심어 좀 더 부드러운 느낌을 강조했다면, 아래는 쇠의 차가운 느낌과 통일되도록 회양목을 정갈하게 구성해 좀 더 모던한 느낌을 강조했다.

정원사들에게서 배우는 컨테이너정원 디자인 요령

사라 베그(Sara Begg Townsend)와 론느 로빈스(Roanne Robbins)는 여성 정원사로 미국에서 활동 중이다. 이들은 그간 단순한 1년생 초본식물을 심는 것으로 만족했던 컨테이너

콘크리트로 만든 대형 화분. 흙을 볼 수 없는 도시 광장에 설치되어 컨테이너정원의 묘미를 살려주고 있다. 사진은 오스트리아 빈 시내에 자리한 정원으로 대형 콘크리트 컨테이너를 이용한 과감한 디자인이 인상적이다. 이런 컨테이너를 이용하면 계절에 맞게 식물을 매번 바꿔줄 수 있어 정원이 좀 더 화려해지고 관리 면에서도 한결 수월해진다.

정원을 좀 더 다양하고 아름답게 꾸미면서도 금액을 줄일 수 있는 방법을 제안하고 있다. 그들의 방법을 살짝 엿보자.

1 · 큰 화분을 이용해 몇 년 동안 꾸준히 기를 수 있는 나무와 관목을 선택해 영구적으로 심어준다.
2 · 나무 밑에 계절별로 자라는 초본식물을 바꿔주면 같은 화분이지만 전혀 다른 느낌을 연출할 수 있다.

배경이 되는 중심나무를 고르는 요령은 다음과 같다.

줄기에 색감을 지니고 있는 나무
줄기에 특별한 색감이 있는 나무를 배경에 심어주면 겨울철 나무줄기에 색감이 나타나 디자인적으로 효과를 낼 수 있다. 〔예: 코르누스(*Cornus*, 말채나무) 종류의 나무들. 노란색, 연두색, 빨간색의 줄기 색감을 고를 수 있다.〕

특정 계절에 꽃을 피우는 나무
모든 나무가 꽃을 피우기는 하지만, 그 꽃이 모두 아름답고 화려하지는 않다. 봄이나 여름, 한철이기는 하지만 화려한 꽃을 피우는 나무를 선정해보자. 〔예: 철쭉과 나무(*Rhododendron, Azaleas*), 진달래, 목련.〕

줄기에 특별한 질감이 있는 나무
줄기 자체에 특별한 질감을 지니고 있는 나무들이 있다. 이러한 질감은 잎이 지고 난 후 나무의 또 다른 매력을 보여준다. 〔예: 자작나무(*Betula sp.*), 일부 벚나무(*Prunus sp.*).〕

상록수
겨울에도 잎이 지지 않고 푸르른 나무는 컨테이너에 심기에 적합하다. 더불어 상록수는 대부분 모양을 잡아 기를 수 있는 특성이 있다. 공 모양, 삼각뿔 모양 등으로 디자인적 요소를 살린 연출이 가능하다. 〔예: 회양목(*Boxus*), 주목(*Taxus*).〕

잉글리시아이비와 같은 일부 실내식물은 흙이 아닌 물속에서도 뿌리를 내리고 잘 자란다. 작은 유리병 하나도 정원을 즐길 수 있는 소중한 공간이 되어주고, 이는 컨테이너정원의 가장 큰 매력이기도 하다.

색깔 있는 잎을 지닌 나무

화려한 꽃을 피우지는 않지만, 나뭇잎 자체가 화려한 색상을 지닌 나무 또한 훌륭한 배경이 될 수 있다. 〔예: 단풍나무(*Acer*).〕

그늘을 좋아하는 나무

모든 나무가 내리쬐는 햇볕을 좋아하지는 않는다. 우리 집 베란다에 볕이 잘 들지 않는다면 그늘을 좋아하는 식물을 심는 것을 추천한다. 〔예: 수국(*Hydrangea*).〕

색깔 있는 열매가 열리는 나무

먹을 수도 있고, 때로는 먹지 못한다고 해도 아름다운 열매가 열리는 나무는 가을에 또하나의 아름다운 관상적 즐거움을 준다. 〔예: 블루베리(*Vaccinium*).〕

구조적 아름다움이 돋보이는 나무

나무의 아름다움에는 잎, 꽃, 줄기의 질감 등이 포함되지만 나무 자체의 구조적인 아름다움도 있다. 대나무와 같이 쭉 뻗은 자태를 자랑하는 나무가 대표적이다. 〔예: 코디라인(*Cordyline*), 대나무(*Bamboo*), 알로에(*Aloe*), 화살나무(*Euonymus*).〕

초본식물이나 풀의 이용

갈대는 나무는 아니지만 나무의 효과를 내기에 충분하다. 특히 갈대는 해변이나 바닷가와 같은 분위기를 만들어내는 효과가 있다.

사라와 론느는 중심이 되는 나무 밑에 심어줄 만한 식물로 세듐(*Sedum*), 이끼(*Moss*), 옥살리스(*Oxalis sp.* 토끼풀 종류), 아주가(*Ajuga*), 헤더(*Heather*), 호케라(*Heuchera*), 세이지(*Salvia*), 타임(*Thyme*)을 추천한다. 이 식물들의 공통점은 잎이 넓고, 폭이 풍성해서 많이 심지 않아도 풍성하게 흙을 덮어준다는 점이다. 이런 식물들을 큰 나무 밑에 심어주면 화분 속의 물이 너무 빨리 증발되는 것을 막아줄 수도 있다.

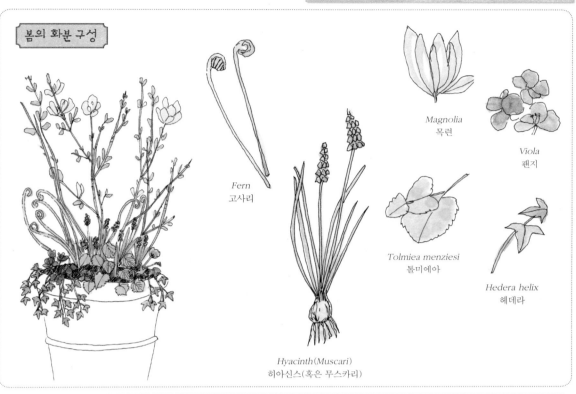

사라와 론느가 추천한 컨테이너정원 구성

봄의 화분 구성

Fern
고사리

Magnolia
목련

Viola
팬지

Tolmiea menziesi
톨미에아

Hedera helix
헤데라

Hyacinth(Muscari)
히아신스(혹은 무스카리)

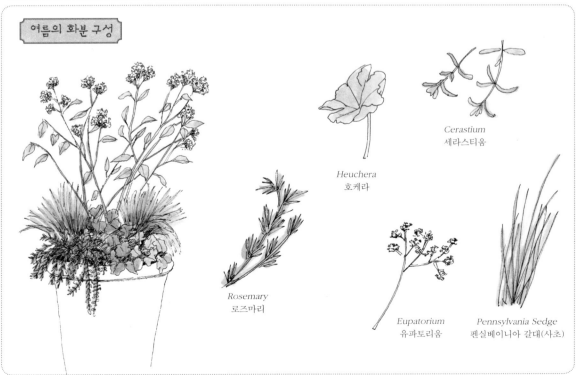

여름의 화분 구성

Heuchera
호케라

Cerastium
세라스티움

Rosemary
로즈마리

Eupatorium
유파토리움

Pennsylvania Sedge
펜실베이니아 갈대(사초)

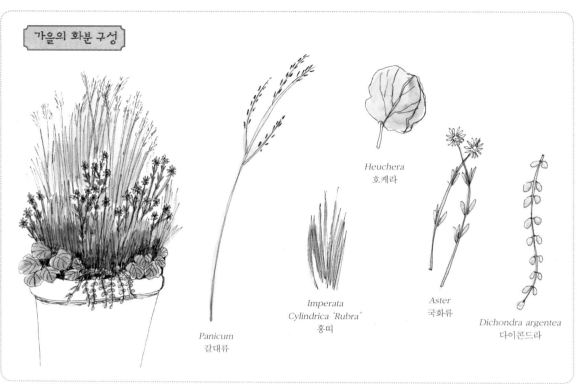

가을의 화분 구성

Panicum
갈대류

Imperata
Cylindrica 'Rubra'
홍띠

Heuchera
호케라

Aster
국화류

Dichondra argentea
다이콘드라

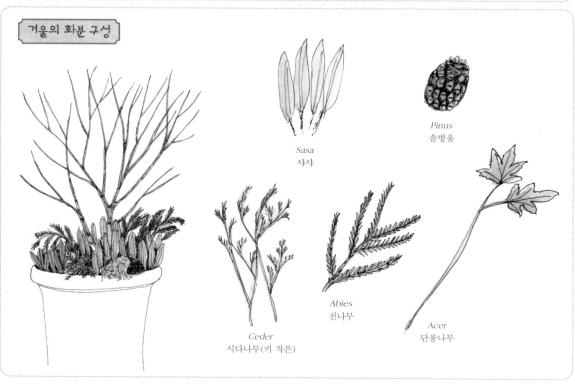

겨울의 화분 구성

Sasa
샤샤

Pinus
솔방울

Ceder
시다나무(키 작은)

Abies
전나무

Acer
단풍나무

컨테이너정원의 관리 요령

컨테이너정원의 가장 큰 장점은 관리해야 할 면적이 작기 때문에 많은 수고를 필요로 하지 않는다는 점이다. 그러나 작은 공간 속에 식물의 뿌리를 가두고 길러야 하기 때문에 잊지 말아야 할 중요한 관리 요건들이 따른다.

물 주기

땅에서 자라는 식물에 비해 물을 자주 줘야 하는 것은 당연하다. 더불어 컨테이너의 크기가 작으면 작을수록 물의 증발이 빠르므로 더욱 자주 물을 주어야 한다. 그러나 얼마에 한 번씩 물을 주어야 하는가는 나무에 특성에 따라 매우 다르다. 사막에서 자라는 다육식물의 경우는 몇 달 간 물을 주지 않아도 되지만 열대우림에서 자라는 식물은 거의 매일 주어야 하고, 온대성 기후의 식물들도 일주일에 몇 번씩 정기적으로 물 주기를 잊지 말아야 한다. 무엇보다 컨테이너에 담긴 식물이 어떤 성격의 식물인가를 자세히 파악해 그에 맞는 물 주기를 하는 것이 중요하다.

정기적인 영양 공급

화분 속의 흙이 영양분을 다 소진하고 나면 식물은 급속하게 시든다. 그래서 6개월에서 3, 4년에 한 번씩 정기적인 분갈이로 화분의 흙을 바꿔주거나, 분을 갈아줄 형편이 되지 않는다면 영양제를 정기적으로 넣어주는 것이 좋다.

병충해 관리

베란다나 실내에서 식물을 키우는 경우는 밖에서 자라는 식물에 비해 상대적으로 병충해에 따른 피해가 덜하다. 그러나 그럼에도 불구하고 진딧물 등 흔한 병충해 피해를 당하기 쉽다. 진딧물의 경우 화학적인 살충제를 쓰는 것보다 화분을 옆으로 뉘여 잎에 붙어 있는 진딧물을 물로 깨끗이 씻어내는 방법이 가장 좋다고 많은 정원사들이 권장한다. 더불어 병든 가지의 경우 회복이 불가능하다면 다른 곳까지 전염시키기 전에 가지를 잘라주는 것이 좋다.

나뭇가지 잘라주기

나무를 보기 좋게, 그리고 건강하게 기르기 위해서는 정기적인 가지치기 작업이 필요하다. 더욱이 작은 컨테이너에서 식물이 자라야 할 경우에는 뿌리의 크기에 비해 가지가 지나치게 많거나 잎이 무성하게 되면 식물이 건강하게 자랄 수 없다. 이런 이유에서 땅에서 자라는 식물에 비해 컨테이너에서 자라는 식물은 좀 더 정기적인 가지치기 작업이 필요하다.

가지치기의 기본 요령은 죽거나 병든 가지를 잘라주는 것이 가장 먼저이고, 가지가 서로 부딪치는 경우에는 둘 중 하나의 가지를 잘라서 나머지 한 가지가 잘 자랄 수 있게 해줘야 한다. 더불어 식물의 모양을 예쁘게 잡기 위한 가지치기법도 있는데 이에 대한 요령은 좀 더 전문적인 공부가 필요하다.

컨테이너정원은 식물과 식물을 담는 용기가 얼마나 조화롭게 어울리는가에 따라 그 효과가 매우 달라진다. 사진 속의 정원은 화려한 타일을 모자이크로 구성해 만든 컨테이너가 잎과 꽃이 크고 화려한 열대성 식물을 담도록 디자인되었다.

✳ 분재 이야기

일반적으로 일본 문화의 상징으로 여겨지는 '식물을 분에 담아 키우는, 분재'는 원래 중국에서 비롯됐다. 정확하게 언제, 누구에 의해 이 분재가 발전되었는지는 분명하지 않으나, 중국 한나라(BC 206~AD 220) 때 처음 등장했던 것으로 보고 있다. 그러나 이 시대에 어떤 형태로 분재가 만들어졌는지에 대한 구체적인 그림은 남아 있지 않고, 대신 1972년 중국 당나라의 장회태자(章懷太子) 이현(李賢, 654~684) 무덤의 벽화에 쟁반과 같은 분(盆)에 식물을 키웠던 그림이 남아 있어, 이 시대부터 분재가 귀족을 중심으로 크게 발달했을 것으로 짐작한다.

그러나 중국에서는 당 왕조를 끝으로 문헌과 그림에서 분재에 대한 기록을 찾기 힘든데, 아마도 분재 문화가 크게 발달하지 않았기 때문인 것으로 본다. 오히려 중국으로부터 기술과 문화를 배운 일본에서 분재를 예술의 경지까지 발전시켰고, 특히 에도 시대인 도쿠가와 쇼군(1603~1868) 때에는 분재가 정신을 수련하고 마음의 평화를 찾는 문화로 정착되어 절정을 맞는다. 서양에 분재가 소개된 것은 일본을 통해서인데, 1900년에 있었던 파리박람회와 1909년의 런던박람회 등에서 엄청난 화제를 낳았다. 그러나 이때의 반응은 각광이라기보다는 '기형', '식물에 대한 고문' 등의 표현으로 비판적인 면이 많았다. 그러나 일본은 그럼에

진화 중인 일본의 분재정원. 최근 일본에서는 전통적인 분재예술에서 벗어나 현대적 감각의 분재정원이 새롭게 시도되고 있다. 사진은 2010년 플라워쇼에 출품된 일본 작가의 작품이다.

도 불구하고 지속적으로 서양 문화 속에 분재를 소개했고, 오늘날에는 호불호가 갈리기는 하지만 서양에서도 일본은 분재의 나라라는 공식과 함께 각광과 관심을 받고 있다.

여기서 우리가 배워야 할 교훈이 하나 있다면 일본의 전략이다. 일본은 국가적 차원에서 서양인들에게 매우 생소한 분재를 끊임없이 세계박람회 등을 통해 소개함으로써 '식물 문화의 대국'이라는 아이

콘을 얻을 수 있었다. 또한 이것이 '일본정원'에 대한 관심으로 이어져 서양인들에게 '고급스러운 정원 문화의 나라'라는 인식을 갖게 하는 데 성공했다.

☀ 화분 갈아주기 요령

화분을 갈아주는 것은 컨테이너정원을 가꾸는 데 매우 중요한 요소다. 컨테이너에 담긴 흙의 양이 적기 때문에 영양분은 그만큼 빨리 사라지게 되고, 식물은 햇볕을 통해 광합성 작용을 하는 것만으로 성장에 필요한 에너지를 충분히 전달받지 못하기 때문이다. 식물은 성장하기 위해서 땅속으로부터 흡수하는 영양분이 반드시 필요하다. 특히 영양분 중에서도 'N-P-K'라는 영양소가 가장 많이 필요한데. N은 질소(Nitrogen)로 주로 식물의 잎 성장에 꼭 필요한 요소고, P는 인(Phosphorus)으로 식물의 뿌리를 튼튼히 하고 꽃을 피울 수 있도록 하는 영양분, K는 칼륨(Potassium)으로 식물이 열매를 맺을 수 있도록 도움을 주는 영양분이다.

분갈이를 할 때는 되도록 뿌리가 손상되지 않도록 기존의 거름을 잘 털어내고 새로운 거름을 넣어줘야 한다. 거름을 택할 때는 흔히 '분갈이용 거름'이라고 불리는 것을 선택하면 되는데, 시중에서 파는 거름의 뒷면을 자세히 들여다보면 앞에서 설명한 N-P-K의 농도 비율이 5:10:5와 같은 식의 숫자로 적혀 있는 것을 볼 수 있다.

전문 정원사들은 식물의 상태를 확인한 후에 잎의 성장이 부족하다면 질소 성분이 강화된 거름을 선택하고, 과일을 잘 맺어야 할 식물은 칼륨의 비율을 늘리는 등 과학적인 분석을 통해 거름을 선택하거나 직접 만들어 사용한다.

단, 화분을 갈아줄 때에 주의할 점은 뿌리를 건드리는 것을 매우 싫어하는 식물들이 있는데 이들 식물들에게는 좀 더 세심한 주의가 필요하다.

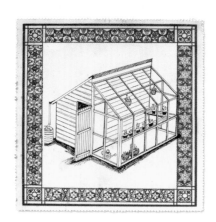

실내정원 이야기

실내식물은 실내에서도 성장이 가능한 식물을 말한다. 실내식물의 발달은 실내정원 디자인이라는 새로운 개념을 탄생시켰고, 이로 인해 바깥 생활이 아니라 일하는 공간, 잠자는 공간 등 실내환경 속에서도 얼마든지 식물과 함께할 수 있는 기회가 생겨나고 있다.

실내식물이란 무엇인가?

실내식물 이해하기

도시환경 속 정원은 가능한가?

20세기 이후 우리의 삶은 매우 빠르게 변화했다. 특히 우리의 주거환경은 비와 추위 및 더위를 이기기 위해 가능한 외부와 실내환경을 밀폐시키면서 식물과 함께할 수 있는 기회가 점점 멀어졌다. 식물과 자연으로부터 멀리 떨어져버린 결과, 우리는 각종 공해와 질병에 시달리며 식물에 대한 그리움을 더해가는 중이다.

그렇다면 지금의 우리 도시환경 속에서 정원을 만드는 일이 정말로 불가능한 것일까? 정원 디자인을 공부하며 나는 정원이 도시 속에서 사라지고 있는 것이 아니라, 새로운 모습으로 진화하고 있다고 믿게 되었다. 정원 문화는 도시환경 속에서 그 형식과 틀을 과감히 깨면서 새롭게 태어나고 있다. 그중 가장 대표적인 것이 바로 실내정원이다.

실내식물 이해하기

실내에서 살기 적합하게 태어난 식물은 없다. 이 말은 다시 생각해보면 자연(바깥 공간)에서 자라는 식물 가운데 일부 식물만이 '실내'라는 환경을 견디며 살 수 있고, 우리는 '이 식물들을 이용해 실내정원을 만들 수 있다'로 해석해야 한다. 여기서 실내에서도 자라줄 수 있는 일부 식물은 주로 브라질, 아프리카, 남태평양 등의 열대기후 지역과 사막기후에서 살고 있는 식물로 한정된다.

영국 왕립식물원 큐가든에 보관 중인 식물 채집본. 살아 있는 식물을 본국으로 보낼 수 없는 상황에서 식물 사냥꾼들은 채집을 한 뒤 말려서 위와 같이 분류 작업을 해왔고, 이런 노력으로 식물학의 큰 발전을 가져올 수 있었다. 이곳은 한국의 자생식물도 다량 보유하고 있다.

우리와 같은 온대성 기후의 자연에서 살고 있는 대부분의 식물은 불행히도 실내에서는 맥을 못 쓰고 수일 내로 죽고 만다. 실내정원의 모습이 한결같이 (열대식물원을 연상시키듯이) 이국적으로 만들어질 수밖에 없는 이유가 바로 여기에 있다. 그러나 이 또한 아직은 그렇다는 이야기일 뿐, 미래의 일은 모를 일이다.

작약의 경우, 꽃이 어른 주먹만 하게 큰 데다 그 색상이 화려해 많은 사랑을 받았지만, 그 꽃이 하루 정도밖에는 피어 있지 않아 안타까움을 줬다. 하지만 원예기술의 발달로 이제는 일주일 혹은 그 이상 꽃이 필 수 있도록 조절이 가능해진 지 오래다. 이런 추세라면 언젠가는 밖에서만 생존이 가능한 식물들을 실내에서 자유롭게 키울 수 있는 날도 머지않았을지 모른다.

식물 사냥꾼과 실내식물

〈허준〉이라는 드라마가 몇 번 제작되었다. 드라마 속의 허준은 환자를 치유하기 위해 산과 들로 약이 될 수 있는 식물을 찾아다닌다. 그만큼 약재를 찾는 것이 중요하기 때문이다. 실제로 한의학에 관련된 종사자들은 일명 식물 채집 혹은 식물 사냥을 열심히 해왔고, 이를 통해 귀한 약재를 많이 찾아냈다. 그런데 이런 식물 채집이 서양에서는 다른 목적으로 우리보다 훨씬 더 조직적이고 대규모로 일어났다. 이른바 식물 사냥(plant hunting)이라고 불리는 이 일은 주로 식물학자, 의사, 정원사, 원예재배사들에 의해 이뤄졌는데, 영국의 경우는 아예 국가가 주도적으로 식물 사냥꾼을 파견하기도 했다. 1600년대부터 본격적으로 식물 사냥을 해온 유럽인들은 신대륙 발견과 함께 더욱 박차를 가하며 인도, 아마존, 북아메리카, 아프리카 그리고 중국과 일본으로까지 식물 사냥꾼들을 파견했다. 이들의 임무는 새로운 종의 식물을 발견하여 채집하고 그것을 본국으로 보내는 것이었는데, 이 일에는 상당한 위험이 따랐다. 이들 중 일부는 스파이로 오해를 받아 원주민에 의해 살해당하기도 했고, 일부는 사고와 병마로 목숨을 잃었다. 이렇게 식물 사냥꾼들이 목숨을 걸고 본국으로 보낸 식물들은 유럽 각 나라의 식물원(영국의 큐가든이 가장 대표적인 식물원)에서 연구와 보존을 목적으로 길러지거나 혹은 상업적인 용도로 재배되어 식물 시장에 판매용으로 팔려나갔다.

이집트의 투트모세 3세가 묻힌 피라미드 속 벽화 안에만 무려 300여 종의 식물이 그려져 있는데, 모두 식용 및 의약용 등으로 쓰였던 식물들을 조각한 것이다. 이는 인류의 역사 속에서 사람과 식물이 얼마나 오랫동안 밀접한 관계를 맺어왔는지를 잘 보여준다.

우리가 식물 사냥꾼들에게 감사해야 하는 이유는 이들의 노력이 없었다면 지금 우리가 식물 시장에서 보고 있는 자생지를 떠난 식물들은 볼 길이 거의 없었을 것이라는 점이다. 지금 우리나라에서 재배되고 있는 실내식물의 경우만 해도 그 자생지가 우리와 수백 킬로미터 떨어져 있는 아마존이나 사막이어서 자연상태에서는 이런 이동은 불가능했을 일이다.

실내식물의 종류

실내에서 자랄 수 있는 식물을 분류하는 방법에는 여러 가지 기준이 있지만, 우선 식물이 필요로 하는 온도를 기준으로 크게 세 가지로 구별할 수 있다. 그리고 여기에 대표적인 식물군인 구근식물, 다육식물, 난과 식물, 그리고 허브와 채소를 포함시켜 총 일곱 군으로 분류해보았다.

- 낮은 온도를 좋아하는 식물군(7도에서 13도 사이)
- 중간 온도를 좋아하는 식물군(13도에서 18도 사이)
- 따뜻한 온도를 좋아하는 식물군(18도에서 24도 사이)
- 구근식물(Bulbs)
- 다육식물(Succulents)
- 난(Orchids)
- 허브와 채소(Herb & Vegetable)

낮은 온도를 좋아하는 식물들(7도에서 13도 사이)

집 안이나 사무실도 창의 위치에 따라 온도차가 많이 발생한다. 낮은 온도를 좋아하는 식물은 일반적으로 건조하고 따뜻하며 밀폐된 공간인 방 안보다는 트인 공간인 거실이나 부엌 또는 베란다가 적합하다. 더불어 창가 바로 앞은 겨울에는 집 안에서 온도가 가장 낮은 곳이기 때문에 이런 곳에 낮은 온도를 좋아하는 식물을 놓아주면 잘 자랄 수 있다.

| 하루 종일 빛이 들어오는 곳 |

국화(Aster), 펠라고니움(Pelargonium), 캄파눌라(Campanula), 에리카(Erica), 헬리오트리피움(Heliotripium), 플룸베이고(Plumbago).

| 반그늘 |

아스피디스트라(Aspidistra), 헤데라(Hedera), 팻시아(Fatsia), 수국(Hydrangea), 시클라멘(Cyclamen), 일부 만병초(Rhodoendron).

중간 온도를 좋아하는 식물들(13도에서 18도)

선선한 사무실의 온도 정도로 볼 수 있다. 집 안에서는 거실과 부엌의 공간이 가장 적합하다. 여기에 속하는 식물들은 그 분포가 가장 많고 사람들에게 많이 선호된다. 그중에는 겨울 크리스마스 꽃으로도 잘 알려져 있는 포인세티아가 포함되어 있고, 초롱꽃이 매달리는 푸크샤도 있다. 치자꽃은 향기가 매우 좋고 집 안에서도 쉽게 잘 자라서 오래전부터 실내식물로 큰 인기를 얻고 있다.

포인세티아(*Poinsettia*), 봉숭아(*Impatiens*), 자코비니아(*Jacobinia*), 히비쿠스(*Hibiscus*).

| 반그늘 |

세인트포리아(*Saintpaulia*), 베고니아(*Begonia*), 푸크샤(*Fuschia*), 클리비아(*Clivia*), 치자꽃(*Gardenia*), 아부틸론(*Abutilon*), 안수리움(*Anthurium*), 커피나무(*Coffea*), 드라세나(*Dracaena*).

따뜻한 온도를 좋아하는 식물들(18도에서 24도 사이)

여기에 속한 식물들은 따뜻한 온도만큼이나 충분한 습기를 필요로 한다. 때문에 물을 줄때 뿌리 쪽만 적셔주는 것이 아니라, 분무기를 이용해 잎에 수분을 공급시켜주는 것도 좋은 방법이다. 반그늘에 적합한 식물이라면 침대, 화장대 옆에 두는 것도 적당하고, 조명만 확보해줄 수 있다면 화장실도 좋은 공간이 될 수 있다.

클레오덴드럼(*Clerodendrum*), 고무나무(*Ficus*), 미모사(*Mimosa*), 페페로미아(*Peperomia*), 몬스테라(*Monstera*), 필로덴드론(*Philodendron*), 싱고니움(*Syngonium*).

구근식물

알뿌리식물인 구근식물(Bulbs)은 일반적으로 화분에 담겨서도 그 꽃을 화려하게 잘 피운다. 그러나 화분상태나 실내환경 속에서는 다음 해를 기약할 수가 없는 것이 단점이다. 단, 일부 백합과의 식물은 이 한계를 넘어서 잘 관리만 해준다면 다음 해에도 같은 꽃을 볼 수가 있다.

아마릴리스(*Amarilis*), 칸나(*Canna*), 크로커스(*Crocus*), 프리지아(*Freesia*), 히아신스(*Hyacinth*), 백합(*Lilium*), 튤립(*Tulipa*).

다육식물

다육식물(Succulents)은 두툼한 잎 속에 영양분과 수분을 저장하고 있는 식물로 주로 사막기후에서 산다. 다육식물의 대표적인 군으로 선인장과의 식물들이 포함된다. 선인장은 잎과

실내식물군 가운데 너른 잎을 지닌 식물로만 구성된 온실 안의 모습. 자생지가 주로 열대우림으로 넓은 잎으로 수분과 빛을 많이 흡수한다. 또 높은 온도를 좋아하기 때문에 집 안에 이런 종류의 실내식물을 들여놓았다면 습기와 함께 온도를 높여주는 것이 필요하다.

줄기가 가시로 변형된 식물군으로, 수 개월 혹은 6개월이 넘도록 물이 없어도 생존이 가능하다. 이런 특성으로 인해 실내식물로 매우 적합하고 물을 주지 않아도 바람과 빛만 잘 들어온다면 실내환경 속에서도 수십 년간 끄떡없이 잘 자라준다.

난

일반적으로 난(Orchid)이라고 하면 화분에 담아 기르는 동양난과 서양난 등 일부 판매용만을 떠올리게 되지만, 실제로 난과 식물군은 국화과(Asteraceae family)를 제외하고 지구상에서 가장 많은 종을 거느리고 있다. 또 사는 자생지의 경우도 북극과 남극을 제외하고 지구 전체에 퍼져 있고 아직도 밝혀지지 않은 식물도 많아서 미지의 식물군으로 알려져 있다.

우리가 화분에서 키우는 난은 그중 극히 일부로, 상업적인 재배로 관상을 위해 판매되는 종들이다. '화무십일홍(花無十日紅)'이라는 말이 있지만 난은 이 법칙을 깨며 일부 종은 석 달 이상 꽃을 피우기도 한다. 게다가 수분이 20퍼센트 정도만 있다면 특별한 물 주기를 하지 않아도 보름 이상을 견딘다. 또 일부는 진한 향을 머금고 있어 실내에서 꽃을 피우게 되면 방향제의 역할도 톡톡히 한다. 이런 관리상의 수월함과 화려한 꽃과 향의 아름다움으로 인해 우리나라뿐만 아니라 전 세계가 난에 열광하고 있다.

허브와 채소

도시환경 속에서 채소를 직접 길러 먹을 수 있다는 것은 꿈같은 일이 아닐 수 없다. 특히 우리나라는 예로부터 채소가 다양하면서도 그 소비량이 많아 집집마다 텃밭을 마련해왔다. 그 전통을 도시생활 속에서도 이어갈 수 있다면 더할 나위 없다. 모든 채소가 다 가능한 것은 아니지만, 다행히 우리나라 사람들이 좋아하는 잎채소와 허브는 실내에서도 충분히 수확이 가능하다. 게다가 실내환경을 푸르게 만들어주는 관상 효과도 주기 때문에 일석이조의 정원인 셈이다. 실내에서 키울 수 있는 채소와 허브식물로는 파, 고추, 토마토, 민트, 바질, 오레가노, 파슬리, 샐비어, 가지, 타임 등이 있다.

공기정화식물

1984년 세계보건기구(WTO)는 충격적인 자료를 발표했다. 실내공간이 바깥보다 무려 다

다양한 실내식물을 팔고 있는 꽃 가게. 수선화는 대표적인 봄의 구근식물로 숲 속에서 피어나지만 화분에 담겨 실내에서도 잘 자란다. 아이비와 금귤나무, 라벤더, 시클라멘 등도 대표적인 실내식물이다.

섯 배에서 열 배나 더 오염되어 있고, 이 때문에 우리의 건강이 크게 나빠지고 있다는 보고였다. 이른바 '병든건물증후군(Sick Building Syndrome)'으로 불리는 이 증상은 1960년대 후반 에어컨이 발명되고 실내공간에 바람의 들고 나감이 없도록 철저하게 밀폐시키는 건축공법이 시행되면서 더욱 심각해졌다고 WTO는 분석했다.

이 발표가 있고 5년 뒤인 1989년에 미국항공우주국(NASA)에서 반가운 소식을 다시 발표했는데, 그것은 바로 오염된 실내공기를 정화시킬 수 있는 15종의 식물에 대한 연구 결과(B. C. 울버턴 박사의 보고서)였다. 이 연구는 식물이 공기 중 이산화탄소와 중금속을 빨아들이고 산소를 배출해주는 등 실내의 공기를 정화시켜주고, 더불어 식물에게 지속적으로 물을 공급해주기 때문에 자연스러운 천연가습 효과와 정서적 효과를 함께 가져온다고 분석했다.

그런데 실내식물의 연구가 왜 하필 항공우주국에서 이루어졌을까? 당시 미국은 우주정거장 계획을 야심차게 진행하고 있었고, 그 정거장에 최소 몇 년 이상 상주하게 될 우주인의 생존이 무엇보다 문제였다. 때문에 실내생활만 해야 하는 우주인이 견딜 수 있는 방안을 연구하는 과정에서 실내식물의 공기정화 능력이 연구 대상으로 떠오른 것이다.

이유가 어찌되었든 이 연구 결과가 가져온 파장은 대단했다. 1990년대는 식물 시장의 대부분이 나사에서 발표한 실내 공기정화식물로 뒤덮였고, 이는 우리나라에도 2000년대에 고스란히 전해져 지금도 식물 시장에서 이 15종의 식물들을 쉽게 만날 수 있다.

1990년대부터 본격화된 실내정원은 계속 진화 중이다. 단순한 온실에서 벗어나 다양한 레크리에이션의 공간으로 변신을 하기도 하고 사무실과 가정집으로까지 퍼져가고 있다. 온실의 형태로 운영 중인 영국 트레바노 정원(Trevarno Garden) 레스토랑.

☀ 미국 항공우주국에서 발표한 10대 공기정화식물

울버턴 박사는 나사를 위한 실내식물 연구를 통해 아래 식물들은 특히 공기 중 포름알데히드, 암모니아, 벤젠의 독성물질을 정화하는 데 매우 탁월한 효과를 지니고 있다고 밝혔다.

Areca palm
(*Chrysalidocarpus lutescens*):
아레카야자

Lady palm
(*Rhapsis excelsa*)
종려나무

Bamboo palm
(*Chamaedorea seifrizii*)
대나무야자

Rubber plant
(*Ficus robusta*)
고무나무

Dracaena massangeana
드라세나

English Ivy (*Hedera helix*)
잉글리시아이비

Dwarf date palm
(*Phoenix roebelenii*)
피닉스야자

Ficus alii
(*Ficus macleilandii*)
피쿠스 알리아이

Boston Fern
(*Nephrolepis exaltata*)
보스턴고사리

Peace lily
(*Spathiphyllum sp.*)
스파티필럼

✳ 식충식물도 훌륭한 실내식물 중 하나

사진 속의 식물은 일명 식충식물(Carnivorous plant)로 알려져 있는 네펜티스(*Nepenthes*) 종으로, 주머니에 물을 담아둔 뒤 작은 곤충이 그곳에 빠져 죽게 되면 그 곤충을 녹여 영양분을 섭취한다. 네펜티스는 대표적 실내식물 중에 하나로 중국, 인도네시아가 자생지도 식물 사냥꾼들에 의해 유럽으로 전해진 뒤 독특한 생존방식과 아름다운 주머니 모양으로 유럽인들에게 큰 사랑을 받고 있다. 단, 물에 빠진 곤충이 죽으면서 고약한 냄새를 풍기기 때문에 밀폐된 실내공간은 피하는 것이 좋다.

식충식물로 알려져 있는 식물들도 실내식물로 큰 인기를 끌고 있다. 이들은 주머니 안에 물을 담아 곤충을 잡은 뒤 성장에 필요한 영양분으로 사용한다.

✳ 식물에게 모자란 빛을 보충해주는 방법

식물이 자라기 위해서는 일반적으로는 빛, 물, 영양분이 필요한데, 실내에서는 빛이 무엇보다 취약할 수밖에 없다. 그렇다면 식물에게 모자란 빛을 보강해줄 수 있는 방법은 없을까?

다행히도 식물은 태양빛과 조명빛을 크게 구별하지 않는다. 빛의 밝기만 확보된다면 인공의 조명빛 아래서도 충분히 잘 자란다. 아주 전문적으로는 백열등, 형광등이 식물에게 조금씩 다른 영향을 준다는 과학적 근거도 있지만, 특별한 조명기구에 상관없이 밝게 식물을 비춰줄 수 있다면 부족한 빛의 양을 해결하는 데 큰 도움이 된다.

집 안에서 식물을 키우려면 바깥에서보다 훨씬 더 많은 주의와 관심을 기울여야 한다. 특히 화분 등을 이용할 때는 화분 용기의 질감 및 특징에 따라 물 주기가 달라질 수 있다. 오가든스 사무실에 표현된 실내 정원 모습.

집 안에서 식물을 키우는 방법

실내식물 관리 요령

실내식물의 한계 이해하기

식물이 잘 자라기 위해서는 적절한 빛과 온도, 습도, 신선한 공기가 중요하다. 이 네 가지 요소는 밖에서 자라는 식물만이 아니라 실내에서 자라야 하는 식물에게도 똑같이 필요하다. 하지만 실내에서 자라는 식물은 이 네 요소에 있어서 모두 부족하거나 치명적인 결핍이 일어날 수밖에 없고, 그로 인해 수명이 단축되고 바깥 환경에서 자라는 식물보다 좀 더 쉽게 죽을 가능성이 많다. 때문에 실내에서 식물을 키우려면 이런 단점의 요소를 어떻게 최대한 극복해주느냐가 관건이고, 어쩔 수 없이 짧아질 수밖에 없는 식물의 생명에 대해서도 마음의 준비를 해두는 일이 필요하다.

재배 가능한 실내식물을 선택하는 것이 먼저다

실내에서 키울 수 있는 식물의 종은 매우 제한되어 있다. 큰 그룹으로 보면 1) 열대우림 지역이 자생지인 식물, 2) 덥고 건조한 사막이 자생지인 식물, 3) 실내환경에 상관없이 강한 생명력을 지닌 난과의 식물, 4) 알뿌리를 지니고 있는 구근식물이다.

우리나라처럼 사계절을 지닌 온대성 기후 지역에서 자생하고 있는 식물 대부분은 안타깝게도 실내환경을 견디지 못하기 때문에 키우고 싶어도 한계에 부딪칠 수밖에 없다. 그러므로 실내정원을 꾸미고 싶다면, 실내식물로 재배가 가능한 식물을 선정하는 것이 먼저이고, 그다음 실내환경을 고려해 필요한 온도, 빛, 물과 영양분을 공급해주어야 한다.

실내식물과 집 안 온도

앞에서 언급한 네 가지 군의 식물들은 실내라는 환경에 잘 적응하는 편이지만, 좀 더 차가운 온도를 좋아하는 식물과 덥고 습한 기후를 좋아하는 식물군이 조금씩 다르다. 제일 좋은 방법은 집 안에 들이고 싶은 식물을 선정하고 그 식물의 특징을 미리 공부한 다음 환경을 맞춰주는 방법, 혹은 반대로 집 안의 환경을 조사하고 거기에 맞은 식물을 선정하는 것이다. 그러나 미처 이런 공부가 되어 있지 않다면 식물의 모양이나 종류를 바탕으로 자생지를 떠올려볼 것을 권한다.

재배종으로 초록색이 아니라 검은빛이나 짙은 자주색의 색상을 지닌 잎식물이 많아지고 있다. 이런 식물은 초록의 잎을 지닌 식물보다 더 많은 빛을 필요로 한다. 빛이 부족해지면 다시 초록의 잎으로 변화하기도 한다.

관엽식물

열대우림 지역이 자생지인 식물의 대부분은 큰 잎을 지니고 있다. 그래서 일반적으로 '관엽식물'이라는 용어를 쓰는데, 이 식물들의 잎이 큰 이유는 정글 속 큰 나무 밑에서 살아야 하기 때문이다. 타잔이 살 법한 정글을 떠올려보자. 이 식물들은 커다란 나무 밑 그늘에서도 광합성 작용을 하며 살아야 하기 때문에 자연스럽게 잎이 넓어질 수밖에 없고, 더불어 잎이 마르는 것을 싫어한다.

그리고 열대우림의 기후를 생각해보면 후텁지근한 습기와 푹푹 찌는 고온을 연상할 수 있다. 집 안 환경으로 따지자면 당연히 1) 온도가 높은 곳에 이 관엽식물을 두는 것이 좋고, 조금은 창가에서 멀어져 2) 그늘이어도 생존이 가능할 것이다. 그러나 집 안은 상대적으로 열대우림과는 다르게 매우 건조하기 때문에 이를 보강하기 위해서 분무기를 이용해 잎에 물을 뿌려주는 것이 좋다.

다육식물

사막에서 자라는 다육식물을 둘러싼 환경은 바삭거릴 정도로 메마르다. 그리고 강렬한 햇볕이 내리쬐고 낮과 밤의 온도차가 매우 심하다. 이러한 환경을 집 안으로 옮겨보면 그늘을 좋아하는 관엽식물보다는 햇볕이 하루 종일 들어오는 창가에 다육식물을 놔두는 것이 좋다. 더불어 추위를 비교적 잘 견디기 때문에 실내 안 깊숙이 두는 것보다는 창가가 매우 안정적이다. 물 주기는 한 달에 한 번 정도, 게다가 식물이 성장을 멈추는 잠복기인 10월에서 3월 사이에는 몇 달간 물을 주지 않아도 거뜬하다.

실내식물과 빛

동물이나 식물이나 빛 없이 생존하기란 어렵지만 빛에 대한 의존도는 동물보다는 식물이 절대적이다. 우리의 눈은 빛의 강도를 정확하게 평가하지 못하지만 식물은 빛의 강도를 감지하고 그로 인해 성장에 큰 영향을 받는다.

실내환경에서 빛이 들어오는 곳은 창문이다. 창문 바로 앞은 매우 강렬한 태양빛이 들어오지만 멀어질수록 햇볕의 강도가 약해진다. 일반적으로 아무리 실내식물이라고 해도 빛이 들어오는 창문으로부터 1.5~1.8미터 이상 멀어지게 되면 생존이 불가능하다. 만약 빛의 효과를 좀 더 높이고 싶다면 벽지를 짙은색보다는 흰색으로 처리해 반사 효과를 노리는 것도 좋다.

그렇다면 식물에게 빛이 부족한지 아닌지를 어떻게 판단할 수 있을까? 우선 모든 상황은 식물 스스로가 표현해준다. 잎사귀가 제대로 크지 않고, 새롭게 돋아난 잎의 색상이 흐릿하며, 오래된 잎이 누렇게 변하면서 꽃이 피지 않는다면 분명 빛이 매우 부족하다는 것

구근식물은 화분에 담아 실내에서 잘 키울 수 있기에 실내정원을 만드는 데 잘 활용된다.

선인장을 포함한 다육식물로 구성된 실내정원. 햇볕이 강하고 직접적으로 들어오는 남쪽 창가라면 다육식물을 화분에 담아 키우기에 아주 적절한 곳이다. 다육식물은 일반적으로 건조함을 좋아하기 때문에 진흙 화분을 이용하는 것이 좋다.

을 말해준다. 이럴 때는 그늘에서 벗어나 창가 쪽으로 자리를 옮겨주면 큰 도움을 받을 수 있다.

빛의 강도는 모든 창이 다 똑같지는 않다. 동서남북에 따라 빛의 강도가 다르니 햇볕을 많이 필요로 한다면 남쪽 창이 제격이다.

남쪽 창가

남쪽의 빛은 매우 세고 강렬하다. 때문에 여름에는 다육식물만이 이 빛을 견딜 수 있고, 관엽식물이나 기타 다른 식물들이라면 타버리기도 한다. 식물들 중에 초록색 잎이 아니라 자주색, 짙은 밤색 등의 잎 색상을 지닌 식물의 경우는 초록 잎의 식물보다 광합성 작용을 더 많이 해야 하므로 상대적으로 빛이 많이 필요하다. 때문에 남쪽 창에 적합한 식물로는 다육식물, 짙은 색감의 잎을 지닌 식물, 그리고 건조함을 잘 견디는 제라늄, 국화, 히아신스, 수선화 등이 있다.

동쪽 창가

동쪽 창문으로 들어오는 빛은 아침 햇살이다. 이 빛은 한여름이 아닌 이상 매우 온화하고 비교적 차가워서 그늘을 좋아하는 식물을 두는 것이 좋다. 대부분의 잎이 넓고 큰 관엽식물들이 이 동쪽 창을 좋아한다.

서쪽 창가

서쪽은 저녁 햇살인데 뜨겁기로는 남쪽에 버금간다. 특히 여름의 긴 저녁 햇살은 식물들에게 일조량을 충분히 확보해주지만, 그늘을 좋아하는 식물이라면 좋지 않을 수 있다. 서쪽 창가에 적합한 식물로는 남아프리카가 자생지인 페파로미아, 고무나무, 필로덴드론, 헤데라 등이 있다.

북쪽 창가

북쪽 창으로는 직접적으로 강한 햇살이 들어오지는 않지만, 부드럽고 안정적이 빛이 하루 종일 들어온다. 때문에 북쪽 창에는 차갑고 빛을 많이 좋아하지 않는 식물이 좋은데 노포크 아일랜드 소나무, 담쟁이 등이 적합하다.

여기서 한 가지, 우리의 겨울철 환경을 좀 더 고려할 필요가 있다. 적도 지방, 즉 열대우림이나 사막기후의 대부분은 낮과 밤의 길이가 여름이나 겨울이나 똑같다. 그러나 우리와 같은 온대지방의 경우는 겨울에 햇살을 볼 수 있는 낮의 시간이 매우 짧아지기 때문에 인공조명의 도움을 받는 것이 좋다. 실내의 경우는 인공조명, 형광등이나 백열등을 식물 바로 위에 켜주어 밤 동안 부족한 빛을 보충하게 해주는 것도 하나의 방법이다.

실내식물과 물 그리고 영양

실내식물이 죽게 되면 우리는 가장 먼저 물을 주지 않아서일 것이라 생각하게 된다. 그러나 통계적으로 보면 식물을 죽이는 경우는 오히려 물을 많이 주어서 뿌리가 숨을 쉴 수 없게 만들어 발생하는 경우가 많다. 화분 속의 흙은 공기가 있어야 잔뿌리로 영양분을 흡수할 수 있다. 그런데 물을 많이 주게 되면 흙 속의 상황이 축축해져 공기층이 형성되기 힘들어 뿌리가 숨을 쉬지 못하고 썩게 된다.

그렇다면 식물에게 물이 부족한지 아닌지를 어떻게 확인할 수 있을까?

- 잎이 축 처져 시들어 있다면 물이 지금 당장 필요하다는 신호이다.
- 날이 선선하다면 매주 한 번, 그러나 더운 여름날에는 물의 증발이 심하기 때문에 매일 물 주기가 필요하다.
- 화분을 들었을 때 날아갈 듯 가볍다면 흙 속의 물이 다 말랐다는 신호다.
- 손가락을 화분 흙 속에 넣었을 때 촉촉함이 느껴진다면 아직은 물 공급이 필요없다.

상황에 따라 다른 물 주기 방법

물 주기는 천편일률적으로 매일 주는 것이 가장 위험하다. 몇 가지 상황을 고려해야 하는데, 특히 계절의 변화를 잘 살피는 것이 중요하다.

- 일반적으로 식물은 더운 온도에서 물을 많이 필요로 하고, 추운 날에는 성장을 멈추기 때문에 물을 그다지 많이 필요로 하지 않는다.
- 식물은 새로운 잎사귀를 내려고 할 때 물을 많이 필요로 한다.

Begonia
hybrid rex

- 유약이 발라져 있지 않은 진흙 화분은 공기구멍이 있어 물의 증발이 플라스틱 화분에 비해 심하다. 즉 진흙 화분을 쓸 경우에는 플라스틱 화분보다 물을 주는 횟수와 양이 더 많아져야 한다.
- 선인장을 비롯한 다육식물은 방이 건조하고 넓다면 한 달에 한 번쯤, 그리고 10월에서 3월 사이에는 물을 주지 않아도 된다.
- 화분의 크기가 작을수록 자주 물을 줘야 한다.
- 브로멜리아드(Bromeliad. 파인애플과의 식물)종의 식물은 뿌리 외에 잎이 모여진 중심부가 마르지 않도록 물을 보충해주는 것이 중요하다.

영양분 체크하기

영양분이 충분치 않다면 꽃이 잘 피지 않는다. 아름다운 꽃을 보기 위해서는 별도의 영양분을 흙 속에 넣어주는 것이 좋다. 그러나 지나친 영양분은 꽃이 아니라 잎사귀를 웃자라게 하는 효과만 가져올 수 있기 때문에 적당함을 유지하는 것이 좋다.

- 화분용 거름을 이용해 식물을 심었다면 적어도 6개월 정도는 별도의 영양 보충이 필요하지 않다.
- 화분을 옮길 때 새로운 거름을 넣었다면 이때도 6개월 정도는 영양분이 충분하다.
- 빠르게 자라는 식물의 경우는 석 달에 한 번 정도 액상 영양분을 넣어주는 것이 좋다.
- 전반적으로 식물들이 동면에 들어가는 10월에서 4월 사이에는 영양분을 넣어주지 않아도 된다.
- 왕성한 성장을 하게 되는 5월에서 9월 사이에는 한 달에 한 번 정도 영양분을 넣어주면 도움이 된다.
- 식물의 상태가 이미 좋아지지 않아 병을 앓고 있다면 영양분 공급을 멈춰야 한다. 영양분을 흡수하느라 에너지를 쓰게 돼 오히려 상태가 더 나빠질 수 있다.
- 영양분은 액상과 파우더, 혹은 알갱이 형태로 다양하다. 액상의 경우가 가장 흡수가 빠르고 안정적인데 상대적으로 가격이 비싸다. 잎이 큰 관엽식물의 경우는 분무기를 이용해 뿌리가 아니라 잎사귀에 영양분을 뿌려주기도 한다.

실내식물로 세계적인 인기를 끌고 있는 베고니아종. 베고니아는 아름다운 꽃과 그 못지않게 아름다운 잎의 모양과 색상으로 큰 인기를 얻고 있다.

화분 옮겨주기

실내식물의 대부분은 화분 속에서 자란다. 그런데 처음에 사 올 때 충분했던 화분의 크기는 식물이 자라면서 작아질 수밖에 없다. 때문에 대부분의 식물은 일정 기간이 지나면 화분을 좀 더 큰 크기로 바꿔주는 과정이 필요하다.

화분을 바꿔줘야 하는 시기

- 화분을 뒤집어보면 배수 구멍이 보이는데 이 바깥으로 식물의 뿌리가 빠져나와 돌돌 말려 있다면 화분이 이미 작아졌다는 신호다.
- 물을 주었는데도 잎사귀가 힘없이 시들어 있다면 화분이 작아 영양분이 부족해졌다는 신호다.
- 새 잎이 쑥쑥 자라지 않고 오래된 잎사귀가 누렇게 변한다면 화분 속에 영양분이 이미 적어졌다는 의미다.

화분을 바꿔줄 때 주의할 점

- 이왕이면 전에 쓰던 거름과 똑같은 거름을 이용하는 것이 좋다. 갑작스러운 거름의 변화는 식물의 영양분 공급에 영향을 줄 수 있다.
- 가능하다면 전과 비슷한 재질의 화분을 쓴다. 진흙 화분이었다면 지속적으로 진흙 화분을, 플라스틱 화분이었다면 계속해서 플라스틱 화분으로. 이미 뿌리가 화분의 상태에 맞게 적응을 했기 때문에 화분의 재질을 바꿔주면 식물은 한동안 몸살을 앓게 된다.
- 이미 사용한 화분을 다시 재활용할 때에는 반드시 깨끗이 씻어서 사용해야 한다. 흙 속에는 눈에 보이지 않는 박테리아와 바이러스가 많다. 특히 식물이 병들어 죽은 적이 있는 화분이라면 특별히 위생에 주의해야 한다. 그대로 사용했을 때 새로 옮겨 심은 식물에게도 같은 병이 번질 확률이 높다.
- 새로운 진흙 화분을 사용할 때는 하루 정도 물에 담가두었다가 사용하는 것이 좋다. 진흙 화분은 화분 자체가 습기를 머금기 때문에, 식물을 심은 직후 물을 뿌려주면 뿌리가 흡수하기 전 화분이 먼저 물을 흡수해 잔뿌리가 물을 흡수할 시간을 주지

최근 화분 시장이 급성장하면서 크기와 형태 그리고 다양한 재질의 화분이 시판되고 있다. 화분을 고를 때는 화분 자체의 색상이나 재질만 참고하지 말고, 그 안에 어떤 식물을 담을지 신중히 생각해야 한다. 사진 속의 유약이 발라져 있지 않은 진흙 화분은 화분에 숨구멍이 있어 쉽게 건조되는 단점이 있다. 때문에 물을 좋아하는 관엽식물에게는 그리 좋지 않다.

않게 된다.

- 새롭게 화분을 옮겼다면 화분 끝까지 물을 흠뻑 준 뒤에 시원하고 그늘진 곳에 놓아두고, 2~3일 정도 매일 분무기로 잎에 수분을 공급해주는 것이 좋다.
- 새 화분으로 식물을 옮겨주면 식물도 새로운 환경에 적응하느라 몸살을 앓게 되는데, 이 기간 동안은 성장을 멈추고 뿌리를 내리는 데만 시간을 보낸다. 때문에 적어도 6개월 정도는 영양분을 공급하지 않는 편이 좋다.

가지 잘라주기

똑같은 식물이라도 누가 키우느냐에 따라 아담하고 풍성하게 자라기도 하고 때로는 길쭉하게 키만 컸을 뿐 볼품없게 되기도 한다. 일반적으로 식물의 가지를 잘라서 형태를 잡아주는 일을 가지치기 또는 전지(剪枝), 혹은 프루닝(Pruning)이라고 하는데, 이 일은 관상의 목적도 있지만 식물을 좀 더 건강하게 자라게 하는 데 큰 역할을 한다. (일반적으로 가지를 잘라주는 행위가 식물을 고통스럽게 생각한다고 여기지만 실제로 제대로 된 가지치기는 식물들을 건강하게 자랄 수 있게 하는 데 큰 도움이 된다.)

　그러나 가지치기는 상당히 전문적인 작업이어서 아무 원칙 없이 가지를 잘라주는 것은 위험하다. 잘라야 할 가지의 선정, 위치가 정확해야 식물에게 도움이 된다. 잘못한 가지치기의 경우는 오히려 식물을 죽게 하는 원인을 만들 수도 있으니 주의하자.

일반적인 작은 관목 가지치기하기 요령

- 꼭대기에 성장하는 줄기를 잘라준다. 위로 크려던 에너지가 옆 줄기로 퍼지면서 주변 줄기가 왕성하게 자란다.
- 다른 줄기에 비해 지나치게 빨리 자라는 우세한 줄기는 잘라주는 것이 좋다. 이 줄기로 에너지가 모이면서 다른 줄기에게로 가는 영양분을 빼앗아 전반적으로 식물의 형태를 불균형하게 만든다.
- 전반적으로 식물의 형태가 둥글면서도 풍성하게 자랄 수 있는 모양을 상상하며

지속적인 가지치기를 해주는 것이 좋다.

• 가지치기는 식물이 어렸을 때 해주는 것이 가장 효과적이다.

뿌리 가지치기하기

일반적으로 가지치기는 주로 지상 위로 뻗어 있는 가지를 잘라주
는 것을 말하지만, 뿌리를 가지치기해주는 일도 식물에게 큰 도움
이 된다. 뿌리가 오래되면 딱딱해지고 성장의 속도도 둔해질 수밖
에 없다. 이럴 때 뿌리의 일부를 잘라주게 되면 새 뿌리가 나오고,
이렇게 이제 막 성장을 시작한 새 뿌리는 왕성한 활동으로 식물을
좀 더 젊게 키워낸다.

❋ 메마른 식물의 응급조치법

아차 하는 순간 물 주기를 놓쳐 식물이 시들어버렸다면 죽었다고 생각하고 버리기 전에 응급조치를 한 번쯤 시도해보자. 우선 양동이에 물을 담고 거기에 화분을 통째로 2시간 정도 빠뜨린 후에 마를 수 있도록 건져준다. 의외로 이런 응급조치 덕에 죽었다고 생각한 식물이 다시 살아나는 경우가 많다.

1 · 식물의 습기 보충법

화분에서 자라는 식물은 환경적으로 땅에서 자라는 것과 달리 늘 물이 부족하다. 이럴 때를 대비해 몇 가지 방법으로 흙이 급격히 건조해지는 것을 막을 수 있다. 옆의 그림처럼 큰 화분 속에 화분을 담는 방식을 이용하면 흘러내린 물이 저수지 층을 만들어 흙이 빠르게 건조되는 것을 막아준다. 왼쪽은 자갈을 깔아 저수지 층을 만들었고, 오른쪽은 흙이나 거름을 이용해 물이 모일 수 있는 저수지 층을 만든 모습이다.

2 · 잎으로도 수분을 흡수한다

대부분의 식물은 뿌리로만 물기를 흡수하는 것이 아니라 잎으로도 수분을 흡수한다. 화분에 담긴 식물은 뿌리로 물을 흡수할 수 있는 상황이 열악하므로, 분무기를 이용해 잎에 물을 뿌려 수분을 공급해주는 일을 병행하는 것이 좋다.

✳ 휴가철 실내식물 관리하기 요령

일주일 이상 집을 비워야 할 경우, 화분 속의 식물은 큰 걱정이 아닐 수 없다. 그러나 몇 가지 조치를 취해놓으면 휴가 기간 동안 식물이 물 부족을 이기고 건강하게 살 확률이 높아진다.

1 · 싱크대 밑에 부직포나 수건을 깔아놓고 그 위에 화분을 올려둔다. 물을 방울방울 떨어지게 틀어놓으면 긴 휴가에서 돌아올 때까지 물 주기가 해결될 수 있다.

2 · 비닐로 식물 전체를 감싸준다. 수분이 증발되지 않고 비닐 안쪽으로 맺혀서 부족한 수분을 보충해준다. 단 고온현상이 자주 있는 여름철에는 이 방식이 다소 위험할 수도 있다.

3 · 삼투압 작용을 이용한 방식으로 부직포나 수건의 한쪽 면을 물속에 넣어둔다. 부직포가 꾸준히 물을 빨아들여 화분 밑으로 수분을 보충시킨다.

창문이 나 있는 부엌이라면 식물을 키우기에 의외로 아주 좋은 장소가 된다. 물이 항상 옆에 있기 때문에 잊지 않고 물 주기를 규칙적으로 할 수 있고, 특히 허브나 채소를 심어놓게 되면 요리에 직접 이용할 수 있는 장점도 있다.

실내정원은 어떻게 만들까?

실내식물 디자인하기

장소 먼저 생각하자

우리를 둘러싼 실내의 환경은 매우 다양하다. 가정집도 있겠지만 사무실과 공공장소의 공간도 모두 '실내공간'에 포함된다. 실내에서 식물을 키우고자 한다면, 일단 어떤 장소에서 실내식물을 키울 것인가를 고려하는 것이 먼저이고, 그다음 거기에 맞는 식물을 선정하는 것이 좋다. 우선 디자인적으로 1) 실내정원이라는 개념으로 일정한 공간을 정원으로 확보할 수 있는지를 생각해보고, 그것이 여의치 않다면, 2) 화분에 담아서 개별 식물을 키울 수도 있다.

실내의 구석구석은 실내식물을 키울 수 있는 좋은 장소가 된다. 이때 잊지 말아야 할 것은 어느 곳이든 빛이 들어오는 창 옆에 식물을 가까이 두어야 한다는 사실이다. 창에서 멀어질 경우 빛의 양이 현격히 줄기 때문에 식물의 생존율이 뚝 떨어진다. 일반적으로 식물을 키울 수 있는 실내공간은 다음과 같다.

- 계단
- 거실
- 침실
- 욕실(화장실)
- 사무실 책상 위
- 부엌

실내용 화분으로 만드는 실내정원 요령

식물을 디자인하는 데도 몇 가지 요령을 알아두면 좀 더 아름다운 풍경을 연출할 수 있다. 실패할 수 있는 디자인의 사례는 각양각색의 화분과 각양각색의 식물군을 섞어서 무차별적으로 심는 경우다. 이런 경우가 속출하는 이유는 충동적인 식물 구매와 관련이 깊다(혹은 누군가로부터 선물받은 식물도 해당). 화원이나 농원을 지나다 마음에 드는 식물이 있을 경우, 내 집 안의 환경이나 기존에 자리 잡고 있는 식물이 어떤 종류인가를 생각하지 않은 채 구입하는 경우가 많다. 이럴 경우 식물 개개인의 아름다움은 더할 나위 없지만 전체적인 조화가 깨지면서 모여 있는 분위기가 혼란스럽고 자칫 지저분해 보이기 십상이다. 희귀종의 식물을 모으는 것에 목적이 있지 않다면, 이런 구매는 가급적 피하는 것이 좋다.

화분을 통일하자
식물의 종류가 다양할 경우, 화분을 전체적으로 통일하기만 해도 좋은 효과를 볼 수 있다. 이때 화분은 질감(진흙 화분이냐, 플라스틱 화분이냐)으로 통일할 수도 있고, 색상이나 형태(둥근 모양, 사각 모양) 등으로도 통일이 가능하다.

식물군을 통일하자
식물군을 통일하게 되면 전체적인 느낌이 단정하면서도 세련된 이미지를 만들어낼 수 있다. 예를 들어 실내에서 잘 자라는 아이비라는 식물 종을 선택했다면, 아이비를 집 안 곳곳에 놓아두는 방법도 좋다. 이럴 경우 관리 방식이 통일되기 때문에 정해진 날에 물 주기나 영양분 주기가 가능해져 관리가 수월하다.

초록과 짙은 빨강색의 조화가 잘 이루어진 화분. 화분의 통일성과 식물 색감의 통일성이 세련된 멋을 만들어낸다. 사진 속 화분에 심긴 식물은 짙은 빨강색의 아마릴리스와 짙은 빨강색의 피튜니아.

식물에 맞는 화분을 잘 선택하자

구근식물의 종류는 꽃이 화려하게 피기 때문에 화려한 색상의 화분을 선택한다면 강렬한 두 색채가 맞서게 되면서 오히려 역효과가 난다(단, 전문적인 색채 감각이 있다면 이 점을 이용해 좀 더 세련된 연출을 할 수도 있다). 때문에 대부분은 황토의 느낌이 나는 진흙 화분에 구근식물인 히아신스나, 수선화, 튤립을 담는 경우가 많다. 또 사막이 자생지인 다육식물의 경우도 흙빛이 나는 진흙 화분이 매우 잘 어울린다. 그러나 큰 잎을 지니고 있는 관엽식물은 다소 짙은 색상의 플라스틱 화분과도 잘 어울리고, 메탈 소재의 화분에도 현대적인 감각으로 잘 조합된다.

색감을 연출하자

모든 식물은 잎과 줄기, 꽃에 색감을 지니고 있다. 이 식물의 색을 이용해 때로는 하나의 색상으로 통일을 할 수도 있고, 때로는 '차가운 색감', '따뜻한 색감' 등으로 색상을 혼합시키는 방법도 좋다. 단 이런 식물 디자인을 하기 위해서는 식물이 꽃을 피우는 시기를 반드시 잘 체크해야한다.

특별한 목적의 식물 디자인

배추나 무와 같이 왕성한 성장이 필요한 채소류는 불가능하지만, 허브나 작은 잎채소의 경우는 의외로 집 안에서 얼마든지 재배가 가능하다. 식물 디자인에 재능이 없어 조합이 우려된다면 같은 목적의 식물을 한곳에 모아 길러보는 것도 좋은 디자인이 된다. 예를 들면 허브 종류를 모아서 허브상자를 만들어 햇볕이 잘 드는 부엌 창가 선반에 놓아둔다면 금상첨화일 것이다.

채소와 허브군의 식물들은 진흙 화분이나 금속물질보다는 나무상자가 아주 잘 어울린다. 특별히 제작을 하지 않더라도 나무로 만들어진 사과상자나 생선상자를 깨끗이 씻어서 활용할 수 있다.

대규모 실내 디자인

작은 화분을 이용하지 않고 규모가 있는 실내정원을 조성할 때도 비슷한 방법으로 디자인이 가능하다.

딜과 세이지를 심은 허브상자. 지푸라기를 멀칭으로 덮어 수분이 빨리 증발되는 것을 막으면서 자연스러운 분위기를 만들어내고 있다.

- 같은 종의 식물로 디자인을 단순화한다.
- 특별한 기후와 조건을 만들어 비슷한 식물군이 함께 살 수 있도록 구성해준다. (예 : 열대식물 연못, 식충식물 정원)
- 퍼고라나 정자 등의 작은 구조물을 이용해 미니어처 정원을 구성하는 것도 큰 효과를 볼 수 있다.
- 식물이 지니고 있는 잎, 꽃, 줄기의 색감을 잊지 말자.
- 잎이 굵은 식물, 잎이 곱고 가는 식물로 질감을 나누고 질감을 통일시키거나 혹은 대비를 통해 다양한 디자인을 구성한다.

화분의 디자인

여력만 된다면 화분 자체 디자인에도 도전해보자. 화분을 꾸미는 것은 실내정원을 꾸미는 또 다른 묘미다. 화분은 크게 1) 재료, 2) 형태, 3) 색상에 따라서 다양한 디자인이 만들어진다. 또 최근 많은 디자이너들이 선호하고 있는 재활용 화분 장식에도 도전해보자. 값싸면서도 좀 더 독창적인 연출이 가능해진다.

▌다양한 컨테이너들의 예. 최근에는 진흙분이나 유약 도자기분에서 벗어나 메탈소재, 나무 등 그 재료가 다양해지고 있고, 화분의 색상도 심겨질 식물과 조화로 이룰 수 있도록 디자인적으로 많이 연구되고 있다.

❊ 화분으로 꾸미는 실내정원 디자인 아이디어

주황색의 진흙 화분에 심긴 작은 펠라고니움의 선홍색이 조화롭다.

다육식물군으로만 묶여진 화분들. 여기에 파란색 미니 화분이 감각적으로 보인다.

철재와 옹기 화분 속에 담긴 덩굴 제라늄의 흰 꽃이 모던한 느낌을 연출하고 있다.

유약이 발라져 있지 않은 흙 화분은 지중해성 지역에서 따뜻하고 건조하게 자라는 허브 종류, 세이지, 로즈마리, 라벤더와 잘 어울린다.

난과의 식물로만 구성된 실내정원의 예. 같은 종의 식물로 구성된 정원은 똑같은 물 주기와 관리법을 적용할 수 있어 사후관리가 쉽다는 장점이 추가된다.

다양한 무늬와 색상을 지니고 있는 베고니아종으로 구성된 정원. 베고니아는 실내에서 잘 자라는 대표적인 식물로, 꾸준히 사랑받고 있다.

동남아시아 지역의 자생지 식물로 구성된 정원. 동남아시아 식물군 역시 열대지역 식물들로 실내환경에서도 잘 자라기 때문에 최근 들어 인기를 끌고 있다.

실내공간 속의 연못 연출은 수생식물군을 키울 수 있는 좋은 기회가 된다. 지나치게 빠른 번식이 우려되는 식물은 화분에 담아서 번식을 억제하며 기를 수 있다.

정원과 식물 관리

거대한 덩굴식물 지지대로 구성된 터널. 덩굴식물은 반드시 지지대를 설치해주어야 한다. 지지대는 자칫 지저분한 요소가 될 수도 있지만 디자인 방식에 따라 아름다운 연출도 얼마든지 가능하다. 정원의 모든 요소는 식물의 성장을 돕는 기능성을 지녀야 하고 더불어 미적으로도 아름다운, 두 마리의 토끼를 잡아야 한다.

물 주기는 식물을 키우는 기본이다

물 주기 요령에 관한 모든 것

정원은 지속 가능해야 한다

정원의 관리는 정원을 이용하고 보살피게 될 주인의 성향과 밀접한 연관이 있음을 알게 된다. 예를 들어 다소 난이도 높은 관리를 필요로 하는 정원이라 할지라도 정원 일을 매일 즐길 수 있는 주인이라면 소화가 가능하다. 그러나 아무리 관리가 수월한 정원이라 해도 주인이 정원을 들여다볼 시간조차 낼 수 없거나, 원예 일에 전혀 관심이 없다면, 그 정원은 유지에 실패할 수밖에 없다.

때문에 정원을 구상할 때에는 어떤 성향의 주인이 정원을 이용하고 가꾸게 될지, 즉 일주일에 몇 시간이나 정원 일이 가능한지, 어떤 원예기술을 지니고 있는지, 또 어떤 미적인 취향을 지니고 있는지를 먼저 생각해보는 것이 좋다.

특별한 원예의 기술?

"저는 식물을 좋아하는데 이상하게 매번 죽이기만 하거든요? 무슨 좋은 방법이 없을까요?" 평소 내가 가장 많이 듣는 말 중 하나가 바로 '원예의 기술'이라는 게 있는지, 어떻게 해야 식물을 죽이지 않고 키울 수 있는지의 노하우를 묻는 질문이다. 사실 저마다 특별한 재능을 한두 가지는 지니고 있듯 식물을 유난히 잘 키우는 분들이 있다. 영어권에서는 이런 사람들을 가리켜 '초록 손가락(Green fingers)'이라고 부르는데 이들은 다 죽어가는 식물을 가져다주어도 살려놓고, 꽃을 피워내는 일도 종종 만들어낸다. 그렇다면 이 기적 같은 일은 특별한 재능의 덕일까, 아니면 학습의 효과일까?

그간 이런 분들을 종종 목격하며 내가 내린 결론은 후자다. 원예는 특별한 어떤 재능이라기보다는 꾸준한 노력과 경험을 바탕으로 한다. 늘 식물을 들여다보고 관심을 갖다 보면 공부를 하게 되고, 또 실패를 여러 번 거듭하면서 나만의 노하우가 생긴다. 이렇게 반복되는 일련의 과정을 통해 '초록 손'들이 만들어지는 셈이다.

만약 내 손을 거치는 식물들이 계속 죽어나가고 있다면 아마도 식물에게 관심을 주다, 말다 내 마음 내키는 대로 했거나, 그릇된 정보를 적용했거나, 그도 아니라면 식물이 살아 있다는 사실을 망각한 채로 저절로 자라날 것이라고 터무니없이 믿었다고 보는 편이 맞다. 그렇다면 식물을 잘 관리할 수 있는 방법은 무엇일까? 여기에 대한 답은 수백 가지가 넘고, 각 식물의 특성에 따라 또 다르기 때문에 간단한 답을 내놓기는 힘들다. 그러나 전반적으로 봤을 때, 식물의 관리에서 가장 중요한 요소는 적절한 물 주기와 영양 공급, 잡초 관리, 병충해 예방이라고 할 수 있겠다.

원예를 잘 알기 위해서는 오랜 시간 동안의 체계적인 공부가 필요하다. 원예와 식물 재배기술이 고도로 발달한 유럽의 경우, 유명 식물원에서 전액 장학금 제도를 실시해 이론과 실기를 완벽하게 갖춘 유능한 정원사를 배출해내고, 이런 정원사들이 각 정원으로 파견되어 그들의 정원 문화를 이끌어가는 핵심이 된다.

효과적인 물 주기 요령

그렇다면 효과적으로 식물에게 물을 공급할 수 있는 방법은 없을까? 앞서 말한 대로 식물마다 특성이 다르기 때문에 우선 식물의 특성을 파악하고 거기에 맞는 물 주기를 하는 것이 원칙이다. 일반적인 물 주기 요령을 살펴보면 다음과 같다.

물 주기는 이른 아침이나 저녁이 적당하다

식물에게 물을 주는 시기는 일반적으로 선선한 기온이 남아 있는 이른 아침이나 저녁이 효과적이다. 이 시간은 뜨거운 낮보다 땅이 습기를 좀 더 오랫동안 머금고 있을 수 있기 때문에 그만큼 뿌리가 물을 빨아들일 시간적 여유가 많아진다. 더불어 뜨거운 한낮에 물을 주면 물방울이 잎에 남겨질 수 있는데 이 물방울들이 햇볕을 만나면 일종의 돋보기 효과가 일어나 잎에 화상을 입힐 수도 있다.

유난히 달팽이의 공격을 많이 받는 식물은 아침에 물을 주자

배추와 같이 잎이 유난히 부드러워 달팽이와 민달팽이의 공격을 많이 받는 식물은 가급적 저녁이 아니라 아침에 물을 주는 것이 좋다. 저녁에 물을 주면 땅이 밤새도록 물기를 머금게 되는데, 이는 햇볕보다는 습기를 좋아하는 야행성 달팽이들의 활동을 더욱 부추기는 요인이 될 수 있기 때문이다.

물 낭비를 가장 줄일 수 있는 물 주기 방법은?

물이 필요한 부분은 잎이나 꽃이 아니라 뿌리다(물론 일부 열대식물은 잎에 물을 주는 것이 필요한 경우도 있다). 때문에 물의 낭비를 줄이기 위해서는 식물 전체에 흩뿌리듯 물을 주는 것보다는 물이 뿌리 밑으로 곧바로 내려갈 수 있도록 뿌리 근처에 원을 만들고 둔덕을 쌓은 다음, 원 안으로만 물을 주는 방법이 좋다. 이렇게 되면 물이 다른 곳으로 흘러가 낭비되는 것을 막을 수 있다. 그런가하면 또 하나의 방법은 심을 식물 옆에 빈 화분을 하나 더 묻고, 그 빈 화분 속으로만 호스를 연결해 물을 흠뻑 주는 방법도 많이 이용된다.

매일 물을 주는 것보다 주 단위로 흠뻑 주자

매일 흩뿌리기식으로 물을 주는 것보다는 일주일에 한 번 정도 뿌리에까지 깊게 물이 흘러 들어갈 수 있도록 충분히 물주는 방식이 훨씬 효과적이다. 충분하지 않은 물을 매일 주게 되면 뿌리는 땅속으로 좀 더 깊게 파고드는 것을 포기하고 표면에 있는 물을 흡수하기 위해 뿌리의 깊이를 얕게 만든다. 이렇게 되면 식물은 더욱 가뭄에 약해지고, 인공적인 물 주기 없이는 생존이 힘들어지게 된다.

인공적인 물 주기가 꼭 필요한 상황

앞서 대부분의 식물은 인공적인 물 주기 대신 자연상태의 강수량만으로도 생존이 가능하다고 했지만, 특별한 경우 반드시 인공적인 물 주기가 필요하다.

새롭게 심은 식물

이제 막 심은 식물은 그 뿌리가 땅속 깊이 파고들지 못한 상태여서 스스로 물을 찾기가 어렵다. 더불어 물을 주어야만 건조한 흙이 수분과 함께 뿌리 사이에 파고들면서 좀 더 빨리 뿌리가 정착할 수 있도록 돕게 된다. 이런 이유에서 식물을 새롭게 심었거나 옮겨 심었을 때에는 충분한 물을 반드시 주어야 한다.

과일채소와 잎채소는 가장 물을 좋아하는 식물이다

딸기와 같은 과일채소나 상추와 같은 잎채소는 물을 가장 좋아하는 식물군이다. 이런 식물들의 경우 특히 꽃이 피는 시기와 열매를 맺어야 할 시기, 혹은 잎을 성장시킬 때에 물이 부족해지면 열매의 상태가 매우 나빠지거나 잎채소의 경우에는 물기가 많은 초록의 잎을 만드는 대신 딱딱하게 잎을 굳게 만든 다음, 아예 씨앗을 맺는 일에 힘을 쓰게 된다. 때문에 채소와 과일 등의 수확을 목적으로 식물을 심었다면 어떤 식물보다 지속적인 물 주기가 꼭 필요하다.

건물 벽에 붙여 심은 덩굴식물

담장에 붙어 꽃을 피우는 장미덩굴이나 클레마티스(으아리) 등은 정원을 매우 풍성하게 만들어주는 좋은 요소가 된다. 하지만 이런 덩굴식물을 담장이나 건물의 벽에 붙여 키울 때에는 반드시 그 뿌리가 건물로부터 45센티미터 이상 떨어져야 한다. 처마선 안쪽으로는 빗물이 잘 들어가지 않기 때문에 이들이 뿌리내린 곳은 다른 땅보다 매우 건조할 수 있다. 때문에 다른 식물보다는 좀 더 규칙적인 물 주기를 통해 물을 보강해주는 것을 잊지 말아야 한다.

가뭄에 강한 식물을 이용하면 물을 절약할 수 있는 정원을 만들 수 있어 최근 유럽에서 큰 인기를 끌고 있다. 사진 속 식물은 해안가 짠바람과 강렬한 햇빛에 강한 알로에(*Aloe*)와 유포비아(*Euphorbia*), 사초 (*Grass sp.*)로 구성된 식물군으로 자연 강수량만으로 생존이 가능하다. 즉 특별한 물 주기가 필요 없는 화단이다. 영국 펜젠스에 있는 야외공연장, 미낙 극장(Minack theatre)의 비탈면에 조성된 화단.

이제 막 싹을 틔운 식물

이제 막을 싹을 틔웠거나 온실에서 자라다가 옮겨진 연약한 식물들은 조금 더 기술적인 물 주기가 필요하다. 어린 식물들은 잎에 물기가 남아 있게 되면 습기를 좋아하는 균들에게 공격을 받을 가능성이 높기 때문에 되도록이면 잎에는 물을 주지 않고, 흙에만 물을 주는 방식이 필요하다. 따라서 샤워꼭지와 물뿌리개보다는 호스파이프의 물을 이용해 잎과 꽃을 피해 땅을 적셔주는 방법이 더 적절하다.

상록침엽수에는 더 많은 물이 필요하다

잎이 뾰족하고 가느다란 상록침엽수 중 일부는 건조함을 잘 견디기도 하지만 대부분은 물기를 매우 좋아한다. 때문에 오히려 낙엽수에 비해 상록침엽수의 경우는 물 주기에 좀 더 신경을 써야 한다.

새롭게 깐 잔디

앞서 밝혔듯이, 잔디는 가뭄에 누렇게 타들어가는 듯해도 비가 오면 다시 회생이 가능하다. 그러나 이런 자생력을 지니기 위해서는 2, 3년의 적응 시간이 필요하다. 특히 새롭게 잔디를 깔았다면 첫해에는 가뭄에 타들어가지 않도록 물 주기를 잊지 말아야 한다.

컨테이너에 심은 식물

흙에서 자라는 식물보다 컨테이너(화분 등)라는 제한된 공간에 뿌리를 두고 자라는 식물은 좀 더 많은 물 주기가 필요하다.

물 주기를 줄일 수 있는 방법

같은 식물이라고 해도 환경에 따라 더 많이 물을 주어야 하는 경우도 있고, 반대로 더 적게 주어도 되는 경우가 있다. 그렇다면 물 주기를 줄일 수 있는 방법은 무엇일까?

정기적으로 흙을 관리하라

건강한 흙은 공기층이 충분하고 양질의 영양분이 풍부하다. 딱딱하게 굳어진 땅은 물을 주어도 그대로 쓸려 내려가버린다. 공기층이 충분히 확보된 폭신하고 건강한 흙은 습기를 머금고 있는 시간이 그만큼 길어져 식물의 뿌리가 습기를 빨아올릴 시간적 여유도 충분해진다.

가뭄에 강한 식물을 심어주자

식물은 저마다 타고난 특성을 지니고 있다. 그중에는 물 주기가 많이 필요하지 않은 자생력이 강한 식물군(다육과, 지중해 지역을 자생지로 둔 관목과 초본식물 일부)이 있다. 이런 식물을 잘 이용하면 지나친 물 소비를 줄일 수 있고, 물 주기에 들어가는 노동력도 절약된다. 최근에는 아예 가뭄에 강한 식물군만을 모아 자갈 위에 키우는 '자갈정원(Gravel Garden)' 혹은 드라이가든(Dry Garden)이 큰 인기를 끌고 있다(161쪽 '자갈정원 만들기' 참조).

두터운 멀칭으로 수분을 감싸주자

흙 위를 7~15센티미터 정도 두텁게 덮어주는 멀칭은 뜨거운 날씨에 흙 표면의 수분이 빠르게 증발하는 것을 어느 정도 막아준다. 특히 깊은 뿌리까지 물이 내려갈 수 있도록 시간적 여유를 주기 때문에 두터운 멀칭만으로도 물 주기의 양을 충분히 줄일 수 있다.

잎이 넓은 식물을 심어 식물 스스로 그늘을 만들게 하자

큰 잎을 지닌 초본식물들은 식물 스스로 땅을 덮어 자연스럽게 멀칭의 효과가 있다. 또 잎이 넓은 식물은 꽃과 다른 관상의 효과를 줄 수도 있기 때문에 관상과 기능을 위해 건조한 식물 주변을 잎이 넓은 식물로 감싸주는 디자인도 물 절약을 노릴 수 있는 좋은 방법이 된다.

인공젤을 이용해 수분을 오래도록 머금게 한다

흙의 상태를 향상시킬 수 있는 특별한 방법을 찾을 수 없을 때, 혹은 컨테이너나 행인 바스켓(거는 화분)과 같이 한정된 공간에서 식물을 키워야 할 때에는 인공적인 젤을 이용해 수분을 조금 더 머금을 수 있도록 조치해주는 것도 좋다. 인공젤은 가까운 꽃 가게나 식물 시장에서 구입이 가능하다.

또한 걸어두는 화분, 행인 바스켓의 경우 공중에서 수분이 더 빠르게 증발되기 때문에 뿌리 밑부분에 아예 오목한 작은 접시를 넣어두면 물을 주었을 때, 곧바로 빠져나가지 않고 물이 접시 안에 고여서 다시 식물의 뿌리에 물을 공급해주는 효과를 얻을 수 있다.

정원의 아름다운 유지는 관리와 비례한다. 정원사의 손길이 얼마나 미쳤느냐가 정원을 아름답게 유지하는 비결과 직결된다.

물 주기는 식물을 키우는 기본이다

식물의 물 주기는 식물을 키우는 데 가장 중요한 요소이면서 가장 많은 노동력을 필요로 한다. 또 가장 쉽기도 하지만 식물을 죽이는 가장 큰 원인이기에 반드시 기본적인 공부가 필요하다. 앞에서 밝힌 방법들은 일반적으로 대부분의 식물에 적용할 수 있지만, 특별한 수종의 나무나 식물군을 선택했다면 거기에 맞는 특별한 물 주기가 필요하다.

그런데 이런 공부에 앞서 식물의 형태를 자세히 살펴보면 그 안에 식물의 특성이 숨어 있는 경우가 많다. 예를 들면 잎에 보송보송한 솜털이 많은 식물은 잎에 물이 닿는 것을 매우 싫어하기 때문에 뿌리에만 물을 주는 것이 좋다. 또 딸기와 같은 식물은 물을 매우 좋아하지만 잎이나 열매에 흙탕물이 닿게 되면 물러져 썩는 경우가 발생한다. 그래서 물을 주되 물이 튕겨서 잎이나 열매에 닿지 않도록 지푸라기(Straw)를 깔아준다. 바로 이런 특징 때문에 딸기의 영어 이름이 '스트로베리'가 되었다.

더불어 잎이 두터우면서 광택이 나는 경우 대부분은 강렬한 햇살을 반사시키기 위한 작용이므로, 이런 식물이라면 자생지가 뜨거운 사막이거나 바닷가일 가능성이 높아진다. 우리의 경우는 동백나무의 잎을 상상해보면 쉬울 것이다. 이런 식물이라면 역시 가뭄에도 비교적 잘 견디는 특징이 있으므로 매일 지나치게 물을 주는 것은 오히려 해롭다. 반면, 물을 좋아하는 식물들의 특징은 일단 잎이 매우 넓고 무르다. 잎 자체가 물기를 머금고 있다는 걸 느낄 수가 있는데, 이런 식물을 들여놓았다면 좀 더 많은 물 주기가 필요한 셈이다.

어떤 일에서든 편하고 쉽고, 그러면서 아름답기까지는 참으로 어려운 일이다. 식물의 관리에 있어서도 특별한 왕도는 없다. 자주 식물을 들여다보고, 그 식물을 알기 위해 노력하는 것이 가장 중요한 노하우다.

스프링클러식의 흩뿌리는 물 주기는 지나친 물 낭비가 발생할 뿐만 아니라 물을 싫어하는 식물에게도 배려 없이 무작위로 주변을 적시기 때문에 효과적이지 않다. 그래서 물뿌리개를 이용해 필요한 식물에게 정확히 물을 전달해주는 방식이 가장 좋다.

✳ 물 주기에 관한 오해와 진실

모든 식물은 물 없이는 생존이 불가능하다. 그렇기 때문에 물 주기는 다른 무엇보다 식물에게 중요하다. 그러나 우리가 알고 있는 물 주기 상식이 잘못된 부분이 있다는 것을 종종 발견하게 된다.

1 · 정원의 식물은 매일 물을 주어야 한다?
기본적으로 정원의 모든 식물에게 매일 물을 줄 필요는 없다. 대부분의 식물들은 자연상태의 강수만으로도 충분한데, 다만 봄과 여름에 가뭄이 너무 지독하게 찾아오게 되면 인공적으로라도 물을 주어야만 한다.

2 · 가뭄 때 식물은 말라 죽는다?
그렇다면 가뭄이 들 경우에는 무조건 식물에게 인공적인 힘으로라도 물을 주는 것이 좋을까? 이미 몇 년째 자리를 잡은 나무, 관목, 장미, 덩굴식물들은 대부분 그 뿌리가 땅속으로 매우 깊이 파고들어, 설령 가뭄이 지속된다고 해도 땅속 깊은 곳의 습기를 빨아들일 수 있기 때문에 특별히 따로 물을 주지 않아도 된다. 하지만 식물을 새로 심었거나 옮겨 심었을 때에는 심고 난 직후 충분한 물을 주자.

3 · 잔디는 매일 물을 주어야 한다?
잔디는 물을 가장 많이 소비하는 식물 중 하나다. 특히 가뭄이 들 경우에는 잔디가 누렇게 말라 죽는 것처럼 보이기 때문에 스프링클러 등을 이용해 물 주기를 지속하는데, 가뭄이 지나 비가 내리기 시작하면 잔디는 언제 그랬냐는 듯 다시 초록의 잎을 피워낸다. 결론적으로 가뭄에 물 소비가 심한 스프링클러 등을 이용해 잔디에 매일 물을 주는 것은 물 낭비가 될 가능성이 높다. 누렇게 타들어가는 잔디를 지켜봐야 하는 정신적 고통이 따르기는 하지만, 조금만 참아준다면 잔디 스스로 강수량에 맞춰 대부분 다시 잘 살아난다는 것을 알아두자.

4 · 정원의 모든 식물에게 똑같은 물을 주어도 될까?

정원에는 매우 다양한 식물군이 함께 살고 있다. 그중에 어떤 식물은 물을 좋아해서 매일 비가 내리는 것을 좋아하지만(열대우림식물군), 어떤 식물은 몇 달씩 비가 내리지 않아도 거뜬하게 잘 자란다(다육식물군). 그런데 이렇게 서로 다른 특성의 식물이 함께 살고 있는 정원에 같은 시간, 똑같은 양의 물 주기를 한다면 결국 어떤 식물인가는 죽을 수밖에 없다. 결론적으로 정원 전체에 스프링클러식의 흩뿌리기 물 주기는 효과적이지 않다. 식물 각각의 특성에 알맞은 물 주기가 무엇보다도 필요하다.

이미 수 년 동안 자리를 잡은 나무나 식물(잔디를 포함)이라면 가뭄이 온다고 해도 특별한 물 주기를 할 필요는 없다. 잔디의 경우도 오랜 가뭄에 누렇게 타들어가기는 하지만, 비가 다시 내리면 이내 초록의 잎을 틔운다.

식물은 빛, 물, 영양분이라는 3대 요소로 성장을 지속한다. 때문에 부족한 영양분은 식물이 건강하게 자랄 수 없게 하는 가장 큰 원인이 된다. 아름다운 정원은 건강한 식물이 있기에 가능하다. 식물이 건강하게 살기 위해서는 충분한 영양분과 햇빛, 물, 바람이 필요하다. 정원사는 식물이 가능한 이 조건을 충족할 수 있도록 도와주는 사람이다.

식물은 관심의 손길을 먹고 자란다

영양분 공급과 잡초 관리법

영양분 공급, 얼마나 자주 필요한가?

식물이 자라는 데에는 물 외의 영양분 공급도 반드시 필요하다. 그렇다면 영양분 공급은
얼마나 자주 해줘야 하는 걸까?

　대부분의 식물들은 1년에 한 번 정도 거름을 보강해주는 것만으로 영양분 공급이 충분
하다. 거름은 1차적으로 땅속에 영양분을 공급할 뿐만 아니라, 흙 자체에 공기와 수분이 잘
스며들 수 있도록 공간을 확보해주기 때문에 흙을 본질적으로 향상시켜 식물이 뿌리를 뻗
어 부족한 영양분을 스스로 찾아낼 수 있도록 도와준다. 그러나 이런 정기적인 거름 주기
외에 별도의 영양분을 때에 따라 여러 차례, 시기에 맞춰 공급해줘야 할 식물들이 있다. 과
실수와 채소류, 그리고 작은 공간에 갇혀 지내야 하는 컨테이너에서 자라는 식물들이 대표
적이다. 또 특별한 상황 때문에 영양분을 별도로 보강해줄 때도 있는데, 예를 들면 가지치
기를 심하게 한 뒤나 식물을 이제 막 심었을 때는 별도의 영양분 공급이 필요하다.

화학비료는 단시간에 식물에게 꼭 필요로 하는 영양소를 정확하게 전달할 수 있다는 장점이 있지만, 과잉 사용했을 경우 오히려 큰 역효과를 가져온다. 때문에 정원사들은 안전하고 부작용이 적은 천연비료를 선호한다.

천연비료 vs. 화학비료

그렇다면 영양분을 언제, 어떤 방법으로 공급해주는 것이 좋을까?

우선 용어부터 정리하자면, 영양분은 일종의 '비료'라고 볼 수 있다. 비료는 '흙의 생산력을 높여 식물이 잘 자랄 수 있도록 뿌려주는 영양물'을 뜻하는 것으로, 여기에는 천연비료(인공의 화학적 조작을 거치지 않고 자연 재료로 얻어지는 비료)와 화학비료(화학적 조작을 통해 만든 비료)가 있다. 천연비료나 화학비료나 식물에 영양분을 공급한다는 점에서는 같은 목적으로 쓰인다. 그러나 천연비료인 거름에 비해 화학비료는 그 효과가 매우 극단적이어서 쓰기 전에 반드시 성분이나 사용 시기, 방법 등을 꼼꼼히 따져보아야 한다.

비료의 사용 시기와 방법

- 채소에는 일반적인 거름이나 화학비료를 사용하면 된다. 일반 거름으로는 물고기, 동물의 뼈를, 화학비료로는 질소, 인, 칼륨이 강화된 것을 사용한다. 시기적으로는 씨앗을 심을 때, 혹은 어느 정도 자란 후 옮겨 심을 때 흙에 넣어주는 것이 좋다.
- 열매채소, 토마토, 애호박, 호박, 고추 등은 2~3주 간격으로 한 번씩 액상으로 된 영양분을 공급해주는 것이 좋다.
- 오래된 과실수에도 특별한 영양 공급이 필요하다. 초봄에 나무 주변에 자라는 잡초를 다 제거한 후에 일반 비료를 뿌려준다. 이 위에 두껍게 멀칭을 해주는 것이 좋다.
- 장미의 영양제는 특별히 장미용을 선택해야 하고, 봄에 가지치기를 끝낸 후에 넣어주는 것이 좋다.
- 작은 크기의 컨테이너 속에서 자라는 식물이나 거는 화분 속의 식물은 땅에서 자라는 식물에 비해 영양분 공급이 매우 취약하다. 화분갈이를 통해 거름을 바꿔주거나 여름철의 경우에는 액상의 영양분을 열흘에 한 번 정도 공급해주는 것이 좋다.
- 컨테이너에 담겨 있다고 해도 한계절만 보는 것이 아니라 영구적으로 그곳에서 자

라야 할 식물이라면, 특히 크기가 큰 나무나 관목을 심었다면 봄에 거름 속에 알처럼 생긴 영양분(분재에서 흔히 사용하는)을 넣어주는 방법도 좋다.

• 잔디는 무엇보다 초록의 잎이 골고루 잘 퍼지게 하기 위해서 봄철에 질소 공급이 꼭 필요하다. 질소는 잎의 성장을 촉진시키기 때문에 봄이 되었을 때 뿌려주면 잔디의 성장을 돕는 데 효과적이다.

온실 안에서 이제 막 싹을 틔워 성장하는 식물들에게는 영양분이 지속적으로 필요하다. 영양분을 물과 희석하여 물 주기를 통해 영양분이 흡수될 수 있도록 고안한 장치들이 많이 개발되고 있다.

식물은 어떤 영양분을 필요로 할까?

식물도 동물처럼 영양소를 섭취하지 않고서는 생존할 수 없다. 식물이 필요로 하는 영양소에는 크게 세 가지의 주요 영양분과, 그 외 소량이지만 꼭 필요로 하는 기타 영양소가 있다. 세 가지 주요 영양소는, 앞서 언급한 것처럼, 질소(Nitrogen), 인(Phosphorus), 칼륨(Potassium, K)이고 N-P-K로 표기한다.

질소는 잎을 성장시키는 데 가장 많이 쓰이는 영양소다. 물에 빨리 녹기 때문에 흡수가 빠르다. 칼륨은 꽃이 피고, 열매를 맺게 하는 데 꼭 필요한 영양소여서 과실수나 열매채소를 재배할 때에 필수적이다. 식물 시장에서 쉽게 구입할 수 있는 토마토 영양분의 뒷면을 자세히 살펴보면 다른 비료에 비해 이 칼륨이 강화되어 있는 것을 알 수 있다. 인은 식물뿌리의 성장을 촉진시키는 영양소로, 특히 어린 식물을 심고 난 후에는 뿌리가 빨리 성장해 자리 잡을 수 있도록 인이 함유된 영양소를 보강해줄 필요가 있다. 그러나 대부분의 흙 속에는 인의 양이 충분하기 때문에 특별한 경우가 아니라면 인만을 강화시켜 영양분 공급을 하지는 않는다.

영양분 공급이 무조건 좋을까?

식물의 영양분 공급을 둘러싸고도 실은 많은 오해들이 있다. 우선 모든 식물이 사람에 의

완두콩, 토마토와 같은 열매채소에는 액상으로 된 영양제로 일주일에 한 번씩 영양분을 공급해주는 것이 좋다.

해 정기적으로 영양분을 공급받아야 하는 것은 아니다. 식물이 자연상태에서 충분히 스스로 성장할 수 있는 점을 감안한다면, 기본적으로 영양분의 공급은 특정한 식물에 한해, 또 일부 영양소에 한해 소극적으로 행하는 것이 좋다.

- 단적인 예로 1년생과 다년생 초본식물이 가득한 화단의 경우, 영양분 공급이 지나치게 많아지면 식물이 웃자라게 되어 키와 잎이 커지면서 꽃을 피우는 데 에너지를 많이 쓰지 못한다. 오히려 영양분이 조금은 결핍된 화단에서 더 화려한 꽃이 피어난다는 사실을 잊지 말자.
- 모든 비료에는 뒷면에 사용 방법과 용량이 정확히 표기되어 있다. 이를 무시하고 영양분이 많으면 좋은 것이 아닐까 하는 생각에 남용하게 되면 원하는 식물의 성장을 기대하기 힘들어진다. 또 영양분을 좋아하는 것은 식물뿐 아니라 식물에게 병충해를 일으키는 벌레들에도 해당된다. 이들 또한 영양분을 보고 모여들기 때문에 지나친 영양과다는 병충해를 불러오는 원인이 될 수도 있다.
- 심지어 지나친 영양과다는 삼투압 작용을 거꾸로 일으켜 영양분을 흡수해야 할 뿌리가 영양분을 역으로 배출하는 현상을 만들어내기도 한다.

영양분이 필요할 때 식물이 보내는 신호

의사들이 환자의 혈색이나 외관의 모습을 보고 간단한 초기 진단을 하듯이 식물에게도 뭔가 이상이 생기면 그 증상이 반드시 식물 전반에, 특히 잎에 잘 나타난다. 따라서 이 증상을 잘 읽을 수만 있다면, 식물에게 현재 무슨 문제가 생겼고 어떻게 치료할 수 있을지 알 수 있다.

'과유불급'이라는 표현은 식물에게도 꼭 맞는 말이다. 식물은 영양분이 넘칠 때보다는 다소 부족할 때 훨씬 자생력이 강해지면서 아름다운 꽃을 피운다. 때문에 지나친 영양분의 공급은 하지 않는 것보다 못한 효과를 가져올 수 있다.

- 낙엽이 질 때가 아닌데도 잎이 노랗게 변색되고 힘없이 늘어져 있다면 우선 땅의 성분을 의심해보자. 산성이 강해서 마그네슘이라는 영양소가 부족하기 때문일 수 있다. 반면 알칼리성이 강한 땅에 산성을 좋아하는 식물을 심어도 똑같이 잎이 누렇게 변하는 증상이 생긴다. 이럴 경우에는 비료를 먼저 주기보다 땅이 산성인지, 알칼리성인지를 테스트(간단한 도구를 문방구에서 구입할 수 있음)해본 뒤, 식물의 성향과 땅의 성분이 맞지 않다면 식물을 바꿔주거나 아니면 흙을 바꿔주는 일을 먼저 해주는 것이 좋다.
- 칼륨이 부족할 때도 잎이 누렇게 혹은 갈색, 붉은색으로 변색될 수 있는데, 특히 꽃이 제대로 맺히지 않는다면 칼륨 영양소를 보강해주는 것이 좋다. 그러나 질소 성분이 너무 많은 경우에도 꽃이 적게 피는 현상이 발생할 수 있으니, 질소 영양분을 너무 많이 준 것은 아닌지 살펴보는 것 또한 필요하다.

잡초 관리하기

잡초가 무엇인지를 정의하기는 사실 매우 어렵다. 처음부터 잡초로 태어나는 식물도 없고, 어떤 식물에 대해 '잡초'라는 이름을 붙이고 차별을 하는 것 또한 자연에서는 있을 수 없는 일이다. 그래서 흔히 원예에서는 잡초를 두고 '자리를 잘못 잡은 식물'로 표현한다.

그렇다면 잡초가 정원에서 반갑지 않은 손님인 이유는 무엇일까? 쉽게 짐작할 수 있겠지만, 우선 잡초라고 분류되는 식물 대부분이 지나치게 영양분을 많이 소비하면서 다른 식물들이 생존할 수 없도록 번지는 특징이 있고, 식물의 모양이나 그 꽃이 사람의 눈에는 그다지 아름답게 느껴지지 않을뿐더러, 일부 잡초의 경우 병충해를 동반하고 있어서 다른 식물들에게 피해를 주기 때문이다. 그런데 문제는 이 잡초의 관리가 쉽지 않고 완벽하게 퇴치한다는 것이 자연상태에서는 거의 불가능하다는 점이다. 그래서 '잡초를 제거한다'는 표현보다는 '가장 최소화한다'라

초봄에 막 올라오고 있는 잡초들을 제거하지 못하면 곧 씨앗을 맺게 되고, 이 후에는 걷잡을 수 없는 번식력 때문에 잡초를 제거하기가 쉽지 않다.

고 생각하는 것이 현명하다.

잡초, 초봄의 시기를 놓치면 걷잡을 수 없다

잡초를 잘 관리하고 최소화하기 위해서는 시기가 매우 중요하다. 초봄, 잡초들은 다른 식물보다 먼저 싹을 틔우기도 하고, 이웃해 있는 식물과 함께 자리를 잡으려고 한다. 이때는 그 양도 적고 또 맨땅에서 올라오고 있기 때문에 눈에도 잘 띈다. 이때 잡초를 뿌리째 잘 제거해주는 것이 중요하다. 잡초는 특성상 어떤 식물보다 빨리 씨를 맺고, 그 씨를 엄청난 양으로 전파시키는 탁월한 능력을 지니고 있는 식물이다. 자칫 이 시기를 놓쳐 이미 꽃이 피고 씨가 맺어졌다면 그해 잡초 관리는 실패했다고 봐야 한다. 그래서 노련한 정원사들은 초봄의 시기를 놓치지 않고 부지런히 잡초 관리에 들어간다.

다년생 잡초와의 전쟁

잡초는 상당수가 1년생으로 그해에 확 번지고 씨를 맺어 흩뿌리고 생명을 다한다. 때문에 겨울에는 모든 잡초가 사라질 수 있어서, 다음 해 봄 기존에 있던 씨앗에서 발아하는 잡초만 신속하게 제거해준다면 상당히 효과적인 성과를 볼 수 있다. 문제는 해를 거듭해 나오는 다년생 잡초인데, 이 경우는 뿌리째 제거하지 않는다면 계속해서 번질 수밖에 없다. 대부분의 다년생 잡초의 뿌리는 매우 깊게 박히는 것이 특징이다. 따라서 다년생 잡초를 상대할 때에는 가능하면 깊게, 뿌리가 잘리지 않도록 제거해야 한다.

흙을 마구 뒤집는 것은 잡초를 더욱 번지게 한다

잡초를 한꺼번에 효과적으로 제거해보겠다는 욕심에 흙을 갈아엎는 경우가 있는데, 이것이 반드시 효과적이지는 않다. 때로는 오히려 잡초가 더욱 왕성하게 번질 수 있는 기회를 주기도 한다. 예를 들면 흙을 뒤집을 때 잡초의 뿌리가 끊기거나 깊이 박혀 있던 뿌리가 잘려져 나가면서 흙 위로 올라오는 일이 생길 수 있는데, 이때 작은 실뿌리의 조각에서도 잡초는 다시 싹을 틔운다. 결국 흙을 뒤집은 후에 잡초가 더욱 왕성하게 올라온다면 잘려 나간 뿌리가 모두 싹을 다시 틔웠다고 봐야 한다. 그러므로 흙을 무분별하게 뒤집기보다는 호미를 이용해 살살 표면의 흙을 긁어내 잡초를 제거해주는 것이 더 효과적이다.

잡초의 제거에는 적절한 연장의 사용이 필수다. 갈고리를 이용해 잔디를 1년에 1~2회 정도 긁어주면 잔디 사이에 자리 잡고 있는 잡초와 죽은 식물의 찌꺼기를 걷어낼 수 있다. 죽은 식물의 찌꺼기는 병원균과 박테리아를 불러들이는 원인이 되기 때문에 정기적인 긁어냄의 관리가 무엇보다 중요하다.

제초제의 사용은 신중하게!

오랫동안 땅을 관리하지 않아 잡초가 너무 우거져 있어 일일이 캐내거나 뽑을 수 없다면 제초제를 사용하는 방법도 있다. 그러나 제초제를 사용하면 잡초만 제거되는 것이 아니라, 우리가 키우고 싶어하는 식물까지도 다 죽일 수 있다는 점을 명심해야 한다. 특히 그 자리에 채소나 과실수를 키우고 싶다면 제초제의 사용은 되도록 자제하는 편이 좋다. 제초제는 수십 년간 땅속에 남아 있게 되고, 그중 일부는 다시 식물에 흡수되어 결국 우리의 먹을거리로 돌아온다.

빛을 차단하자

잡초도 다른 식물과 똑같이 빛, 물, 영양분이 생존에 필수적 요소가 된다. 그중 무엇이라도 한동안 부족해지면 결국 스스로 죽게 된다. 시간적 여유가 있다면 화단을 조성하기 전 적어도 몇 달, 길게는 1년 이상을 검은 천이나 담요로 땅을 덮어 햇빛이 들어가지 않도록 보존하자. 이렇게 되면 잡초가 완전히 제거된 상태에서 내가 원하는 식물을 심을 수 있고, 이후에는 최소한의 노력으로도 잡초를 잘 관리할 수 있다.

식물은 수만 가지 증상으로 우리에게 말을 걸어온다

예쁜 꽃을 피운 식물을 보고 밉다고 고개를 젓는 사람을 본 적이 없다. 이유를 설명하기 힘들 정도로 우리에게는 식물에 대한 원초적인 사랑의 마음이 있다. 하지만 이 사랑만으로 식물이 우리 곁에서 건강하게 지낼 수 있도록 붙잡아두기는 힘들다. 식물을 사랑하는 마음 다음으로는 꾸준한 관심과 애정 어린 손길이 필요하다. 식물이 말을 못한다고 하지만, 사실 식물은 수만 가지 증상으로 우리에게 매일 말을 걸어온다. 그 메시지를 전달받으려면 식물을 바라보고, 느끼는 시간이 필요하다.

물이 부족한 식물은 물이 부족하다는 표현을 반드시 하고 있고, 영양분이 부족한 식물은 이 영양소 때문이라고 우리에게 분명한 메시지를 보낸다. 그 메시지를 찾게 된다면 좀 더 오랫동안 식물과 함께 즐겁고 건강한 삶을 지속할 수 있다고 믿는다.

과실수나 채소류를 심어 영양 소비가 심한 화단이나 텃밭에는 1년에 한 번 거름을 보강해주는 작업이 필요하다. 대부분의 식물은 이것만으로도 1년 성장에 필요한 영양분을 충분히 얻을 수 있다.

식물의 관리 요령은 충분한 이론적 바탕이 필요하다. 지지대가 필요한 큰 꽃을 피우는 달리아는 줄기가 다 자라기 전 지지대를 설치해줘야 식물이 줄기를 키우는 데 에너지를 쓰지 않고 꽃을 만드는 데 힘을 쓴다. 무작정 식물만 쳐다본다고 원예의 노하우가 생기진 않는다. 과학적으로 식물의 성장, 특징, 자연에 대한 이해를 먼저해야 한다.

식물은 더 건강하게 자랄 수 있다

지지대 세우기와 데드헤딩 기법

성장을 돕는 보조장치, 식물 지지대

'식물 지지대'라는 것이 우리나라에는 널리 보급되지 않아 생소할 수 있다. 식물 지지대는 말 그대로 식물이 잘 자랄 수 있도록 보조해주는 장치로, 바람이나 비에 의해 식물이 쓰러지지 않게 해주는 버팀목이 된다. 그러나 모든 식물에게 지지대를 세워 줄 필요는 없다. 줄기가 가늘고 키가 큰 식물, 식물의 꽃이 커서 흔들림이 심한 경우 그리고 덩굴식물에 주로 이 지지대를 설치해준다.

식물 지지대는 왜 필요한가?

앞서 언급한 대로 식물 지지대는 식물의 성장을 돕고, 식물이 좀 더 보기 좋게 자리 잡을 수 있도록 도와주는 역할을 한다.

수 년 전 정원에 참나리꽃을 심은 적이 있었다. 여름이 되었을 때 그 키가 무려 1미터를 훌쩍 넘긴 참나리는 잔바람에 휘청거림이 심했다. 결국 지지대를 확보해주지 못한 바람에 그해 여름 장마와 태풍이 왔을 때 참나리의 등이 휘거나 꺾여 화단 전체가 지저분하게 되는 것을 목격하고야 말았다. 만약 내가 초봄에 참나리가 다 자라기 전에 단단하게 의지할 수 있는 지지대를 설치해주었다면 여름의 비바람이 심하다고 해도 잘 자랄 수 있었을 것이다.

지지대의 설치 시기

식물의 키가 다 자라고 난 뒤에 지지대를 설치하는 것은 시기적으로 이미 늦다. 이유는 다 자란 식물 사이에 지지대를 설치하는 것이 작업상 매우 어렵고, 또 미관상으로도 지지대가 그대로 노출이 되면서 보기에 흉하다. 초봄, 식물에 이제 막 싹이 돋고 있을 때 식물의 키가 얼마까지 올라갈 수 있을지를 가늠한 후, 그 키 10센티미터 아래 정도까지 지지대를 세우는 것이 좋다. 이렇게 지지대를 설치하면 식물들은 자라면서 자연스럽게 지지대 사이로 혹은 식물 지지대를 감싸면서 잎과 줄기를 성장시키고, 다 자라고 난 뒤에는 식물 지지대의 흔적을 찾을 수 없게 된다.

다양한 식물 지지대의 종류와 재질

식물 지지대는 식물의 형태나 특정 목적에 따라 그 모양과 재질을 골라 활용할 수 있다. 우리보다 식물 시장의 규모가 훨씬 큰 영국을 비롯한 유럽에서는 식물 지지대가 다양하게 마련되어 있어서 각각의 식물에 맞는 지지대를 손쉽게 구입할 수 있다.

가는 플라스틱 끈으로 만든 그물 모양의 지지대
플라스틱으로 만든 그물 모양의 지지대는 얇은 끈으로 이루어져 있어 식물의 잎이 커지면 자연스럽게 감춰진다. 특히 사진에서와 같은 사각형의 그물 지지대는 달리아처럼 큰 꽃이 피어나는 식물에게 적합하다.

지지대는 나뭇가지나 가는 대나무를 이용해 직접 만들 수도 있지만, 최근에는 쇠나 플라스틱으로 만들어진 지지대가 정원 용품으로 많이 나오고 있다.

텐트형 지지대

완두콩과 같은 덩굴식물에는 마치 텐트와 같은 구조물을 만들어주는 것이 좋다. 텐트형 지지대는 자라면서 텐트 전체를 완두콩이 덮게 되어 완두콩이 잘 자랄 뿐만 아니라 수확도 수월해지는 일석이조의 효과가 있다.

나뭇가지를 이용한 오벨리스크

나뭇가지를 이용한 자연스러운 형태의 오벨리스크도 식물 지지대로 쓸 수 있다. 클레마티스(*Clematis*, 으아리)나 인동초와 같은 덩굴식물을 올리면 지지대 전체를 식물이 감싸면서 정원의 모양을 좀 더 풍성하게 만들어준다.

가느다란 철사

과실수의 경우 옆으로 가지를 붙여 키우기도 하는데, 이때 가는 철사를 이용하기도 한다. 사진에서처럼 가느다란 철사에 가지 하나하나를 붙잡아 옆으로 자라게 해주면 식물의 키가 작아지면서 열매 수확량이 많아진다.

철망 지지대

사과나무 고목 밑으로 철망을 이용해 크게 지지대를 둘렀다. 지지대는 주로 식물 하나하나를 지지하는 데 이용하지만, 풍성하게 올라오는 식물들은 한꺼번에 원으로 감싸 지지를 해주기도 한다. 이 경우 식물이 자라면서 지지대를 감싸기 때문에 보기에도 지저분하지 않고 풍성한 한 무더기의 식물과 꽃을 감상할 수 있다.

쇠구조물을 이용한 지지대

나뭇가지나 플라스틱뿐 아니라 쇠를 이용한 지지대도
사용 가능하다. 금액이 다소 비싸지만 해를 거듭해 반영
구적으로 쓸 수 있고, 겨울에도 특별히 거두지 않고 1년
간 그 자리에 놔둘 수 있어 어떤 식물이 자라고 있었는
지 확인이 가능하다.

지지대를 이용한 덩굴식물 디자인

덩굴식물의 경우 지지대의 모양대로 식물을 연출하는
것이 가능하기 때문에 가든 디자인에 그 활용도가 매우
높다. 지지대를 완전히 감싼 스위트피(*sweet pea*)의 모
습이 멋스럽다(오른쪽 사진).

오랫동안 꽃을 감상하기 위한 데드헤딩이란?

데드헤딩(Dead heading)이란 이미 피었다가 지고 있는 꽃을 잘라내는 관리법을 말한다.
데드헤딩은 지고 있는 꽃대를 잘라주어 관상의 효과를 볼 수 있다는 점 외에도 꽃이 씨를
맺는 대신 다음 번 꽃을 피우는 데 영양분을 쓰도록 하기 때문에 지속적으로 꽃을 관상할
수 있게 하는 원예기법 중에 하나다.

하지만 모든 꽃들이 데드헤딩의 효과를 볼 수 있는 것은 아니다. 꽃대를 잘라주어도 새
롭게 꽃을 피우지 않는 식물들도 많기 때문에, 데드헤딩을 하기 전 식물의 특성을 잘 파
악해야 한다.

데드헤딩에 적합한 식물

데드헤딩에 적합한 식물은 앞서 언급한 것처럼 시들고 있는 꽃대를 잘라주었을 때 그 영
양분을 새로운 꽃을 피워내는 데 지속적으로 쓸 수 있는 것들이어야 한다. 일부에서는 지
나친 데드헤딩이 식물의 에너지를 급속히 뽑아내 수명을 짧게 만든다는 주장도 있다. 그

사계국화와 같이 키가 작고 데드헤딩이 적합한 식물은 아예 가위를 이용해 지면 바로 위에서 한꺼번에 잘라주는 것도 좋은 방법이다. 시간이 흐르면 잘린 면에서 잎이 나고, 다시 한 번 꽃을 피운다.

꽃은 시들고 난 뒤 신속하게 씨를 살찌우는 작업을 시작한다. 씨를 맺는 과정에서 많은 에너지를 쏟게 되는데, 이때 데드헤딩을 해주면 씨를 맺는 대신 새로운 꽃눈을 발달시켜 다음 번 꽃을 다시 피운다.

러나 지금까지의 연구 결과로는 식물이 씨앗을 맺는 데 더 많은 에너지를 쏟기 때문에 데드헤딩만으로 식물의 기력이 고갈된다고 보기는 힘들 듯하다. 그렇다면 데드헤딩에 적합한 식물에는 어떤 것들이 있고 그 방법은 무엇일까?

큰 꽃을 피우는 식물

펠라고니움처럼 꽃이 큰 식물은 줄기가 연약하기 때문에 가위를 이용하지 않고 손으로 꽃대를 꺾어주는 방식이 좋다.

키가 큰 식물

델피니움(*Delphinium*), 루핀(*Lupinus*), 폭스글러브(*Digitalis*)와 같이 키가 큰 식물들은 줄기에 섬유질이 많아 손으로 꺾기 힘들다. 따라서 가위를 이용해 정확하게 잘라줘야 한다.

키가 작은 식물

사계국화, 로벨리아는 가위를 이용해 단발머리를 자르듯 싹둑 잘라주는 방식이 좋다. 이후 새 잎이 돋으며 꽃이 다시 피어난다.

알뿌리식물

알뿌리식물은 꽃대를 잘라준다고 또다시 꽃을 피우지 않는다. 그러나 꽃이 진 다음에 바로 데드헤딩을 해주어야 영양분이 알뿌리로 내려가게 되고, 알뿌리에 영양이 가득 차야 다음 해에 더욱 탐스러운 꽃을 피울 수 있다. 그러나 이때 알뿌리식물의 잎을 자르면 더 이상 광합성 작용을 할 수 없기 때문에 뿌리에 영양분을 공급하기가 힘들어진다. 그러므로 누렇게 잎이 질 때까지 잎은 그대로 두어야 한다.

장미

장미는 데드헤딩에 적합한 대표적인 식물이다. 가위를 이용해 꽃대를 잘라주는데, 꽃눈이 보이는 바로 위를 잘라주는 것이 좋다. 이렇게 하기 위해서는 데드헤딩을 할 때에 가지 하나하나를 세심하게 살핀 뒤 잘라주어야 한다. 그러나 모든 장미를 데드헤딩할 필요는 없다. 시든 꽃을 그대로 놔두면 여름이 지나 빨갛고 탐스러운 열매, 로즈힙(Rosehip)을 만든다. 로즈힙은 한때 유럽에서는 사과와 같은 용도로 요리에 이용했었고, 비타민C가 매우 풍부해 잼을 만들거나 수프의 재료로 이용했다.

관목

꽃을 피우는 작은 나무, 관목(Shrub)의 데드헤딩은 초본식물보다 어렵고 복잡하다. 그러나 과실수의 경우에 꽃을 많이 피운 다음 이것이 모두 열매로 맺히면 영양분이 부실해져서 열매의 크기가 너무 작아지기 때문에 꽃이 진 뒤에 필요에 따라 데드헤딩을 신속하게 해준다. 관상용으로는 라일락(Syring vulgaris), 금작화(Cytisus scoparius) 등이 데드헤딩에 적합한데 가위를 이용해 정확하게 잘 잘라주어야 다른 꽃눈이나 잎눈에 피해를 주지 않는다. 관목의 경우 데드헤딩은 가을이 되면 멈추는 것이 좋다. 데드헤딩을 마치게 되면 새로운 눈이 성장하게 되는데, 너무 연약한 상태에서 곧바로 추위를 맞게 되면 가지 전체가 동상을 입게 될 수도 있다.

싹둑 잘라내기가 가능한 식물

데드헤딩 방법 중에 큰 가위를 이용해 식물 전체를 지면 바로 위에서 싹둑 잘라주는 것이 가능한 식물이 있다. 이 식물들은 이렇게 잘라주어도 밑동에서 다시 잎을 틔우고 꽃을 맺는다. 그러나 이런 방법이 모든 식물에 가능한 것은 아니기 때문에 가능한 식물군을 잘 기억해두는 것이 필요하다.

- 캄파눌라(Campanulas)
- 캣민트(Nepeta)
- 하디 제라늄(Hardy Geraniums)
- 수레국화(Centaurea)
- 샐비어(Salvia)
- 렁워트(Pulmonarieas)

위의 식물들은 봄에 꽃이 피는 것을 본 뒤 데드헤딩을 통해 여름에 다시 한 번 꽃을 볼 수 있다. 그러나 일부 다년생 식물의 경우는 데드헤딩의 시기가 늦가을이나 겨울이 오히려 효과적이다. 작년에 자랐던 줄기를 가을철에 잘라주게 되면 다음 해 봄 새 가지에서 꽃눈과 잎눈이 돋아 더욱 탐스러운 꽃을 피워낸다.

- 헤더(*Erica carnea*)
- 일일초(*Vinca*)
- 관상용 갈대과 식물(*Grass*)

데드헤딩의 주의점

일부 식물, 예를 들면 매발톱, 금잔화, 양귀비꽃 등은 씨앗을 맺고 이 씨앗을 주변에 흩뿌려 다음 해 더 많은 싹이 올라올 수 있게 한다. 때문에 데드헤딩이 지나칠 경우 씨를 맺는 양이 적어지고, 이는 다음 해 꽃의 양에 영향을 줄 수 있다. 그러므로 모든 식물을 대상으로 한꺼번에 데드헤딩을 시도하기보다는 영역을 나눠 데드헤딩이 필요 부분과 그렇지 않은 부분(씨를 맺게 하는 꽃)을 구별해주면 더욱 좋다.

데드헤딩을 위해 필수적인 연장인 전지가위. 전지가위는 식물의 두꺼운 가지를 자를 수 있도록 고안된 가위를 말한다. 데드헤딩을 위해서는 큰 가위보다는 작은 가위가 오히려 적합하다.

연장의 사용은 사람의 노동력을 줄이고, 좀 더 편리하고 빠르게 일을 하기 위함이다. 농기구와 다른 정원용 연장의 개발은 이미 유럽에서는 산업적으로 크게 발달해왔다.

연장, 정원사의 진정한 동반자

정원 도구 이해하기

정원 연장은 농기구다?

정원 일에 쓰이는 연장은 농업에 이용되고 있는 연장과 매우 흡사하고, 실제로 구별 없이 혼용되기도 한다. 그래서 정원 연장의 별도 필요성을 크게 느끼지 않는다는 사람들도 있다. 그렇다면 정말 농기구만으로도 충분히 정원 일을 다 해낼 수 있을까?

물론 정원 전용 연장이 없다고 해서 정원 일을 할 수 없는 것은 아니다. 밥상에 올리는 숟가락과 젓가락도 필요에 따라서는 정원 연장이 될 수 있고 호미, 쟁기, 갈고리 등으로도 어찌되었든 충분히 정원 일을 할 수는 있다. 그러나 우리가 연장을 사용하는 이유에는 일의 신속함과 더불어, 무엇보다 사람의 노동력을 얼마나 줄일 수 있는가 하는 큰 의미가 담겨 있다.

정원 일은 생각보다 많은 시간과 노동을 필요로 한다. 정원을 노동의 현장보다는 즐김이 있는 여가의 공간으로 끌어올리기 위해 정원 문화가 발달한 유럽에서는 맞춤형 정원 연장이 발달돼왔다. 이에 비해 우리나라의 경우는 특별히 정원용 연장이라고 차별화된 것을 찾을 수 없을 정도로 그 발달이 미미한 수준이다. 하지만 정원을 만들고 즐기는 문화가 좀 더 보편화되고 확장된다면 가장 크게 성장하고 주목받는 산업 분야가 될 것이다.

정원 연장의 종류

정원 연장은 크게 손으로 이용하는 손 연장과 모터나 전기를 이용해 작동시키는 전동 연장으로 구분할 수 있다. 손 연장은 대표적으로 삽, 갈고리, 쇠스랑 등이 있고, 전동 연장은 트랙터, 잔디 깎는 기계, 스프링클러 등을 들 수 있다. 이런 분류법 외에 연장을 구별하는 다른 방식으로는 일의 성격에 따른 분류가 있다.

- 땅 일구기에 사용하는 연장.
- 식물 심기에 사용하는 연장.
- 가지치기에 사용하는 연장.
- 식물 관리에 관련된 연장(물 주기, 잡초 제거하기, 생울타리 깎아주기, 잔디깎기와 가장 자리 정리하기).

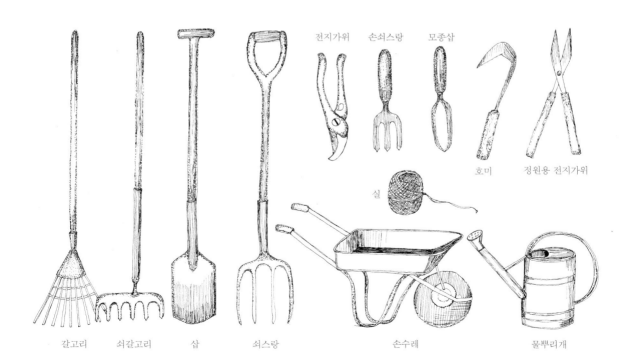

전지가위 손쇠스랑 모종삽

호미 정원용 전지가위

실

갈고리   쇠갈고리   삽   쇠스랑   손수레   물뿌리개

땅 일구기에 사용하는 연장

정원 일의 대부분은 식물 자체를 다루는 일만큼이나 흙을 관리하는 일이 매우 많다. 식물을 심기 전 흙이 상태가 좋지 않다면 먼저 흙을 관리해주어야 한다. 식물을 키우기 좋은 정원의 흙 상태는 푹신하게 공기가 듬뿍 들어가 있고, 여기에 영양분도 풍부해야 한다. 그런데 이런 흙 상태를 만들어주는 일이 쉽지는 않다. 특히 흙을 갈아주는 일은 상당한 힘을 필요로 하기 때문에 올바른 연장의 사용이 무엇보다 중요하다.

땅을 일구는 데 가장 많이 쓰이는 손 연장으로 쇠스랑(fork. 삼지창 모양의 연장)과 전통적으로 쟁기, 삽, 쇠갈고리 등이 쓰인다. 이 연장들은 주로 흙을 찍어내고, 들어올리고, 다시 부드럽게 펴주는 등의 작업을 하는 데 쓰인다.

삽은 용도에 따라 크기와 강도, 모양이 매우 다양하기 때문에 직접 보고 자신에게 알맞은 것을 구입해야 한다. 흙을 갈아주는 용도로 쓰이는 삽(spade)은 일반적으로 납작하면서 작고 철의 강도가 세고, 손잡이가 길지 않다. 흙을 들어올리거나 혹은 운반하는 데 쓰이는 삽(shovel)의 경우는 삽 본체의 크기가 좀 더 크고, 오목하게 구부러져 있고, 손잡이가 조금 더 긴 편이다.

땅파기용 삽(spade)

삽의 끝이 뾰족하거나 일자형이지만 그 날이 매우 날카로워서 땅에 깊숙이 집어넣어 파올리는 용도로 적합하다. 이 삽은 주로 땅파기용이기 때문에 딱딱한 흙도 파고들어갈 수 있도록 쇠의 강도가 강하고, 크기가 작지만 무겁다.

운반용 삽(shovel)

땅을 팔 때 쓰는 삽보다는 그 모양이 좀 더 오목하게 만들어져 흙을 들어올리거나 운반하기에 적합하다. 운반에 목적이 더 많기 때문에 견고하지는 않지만 가벼우면서 오목해 더 많은 흙이나 퇴비를 담을 수 있다.

땅파기용 삽

삽의 끝이 보통 직선으로 끊어져 있고, 옆에서 봤을 때 오목함 없이 반듯하다. 날이 매우 날카로워 땅속으로 삽이 잘 들어갈 수 있게 제작된다. 운반용 삽에 비해 작지만 무거운 편이다.

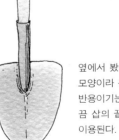

운반용 삽

옆에서 봤을 때 전반적으로 오목한 모양이라 흙을 담기에 적합하다. 운반용이기는 하지만 땅도 팔 수 있게끔 삽의 끝이 뾰족해서 다목적으로 이용된다.

정원사의 진정한 동반자는 연장이다. 연장에 따라서 정원사의 노동력을 반 혹은 그 이상으로 줄일 수 있기 때문에 단순한 다목적 농기구 하나로 모든 일을 다 해결하기보다는 용도에 맞는 정원용 연장을 사용하는 것이 좋다.

쇠스랑(fork)

삼지창 혹은 두 개의 갈고리 모양의 연장이다. 삽조차 파고들기 힘든 단단한 땅을 일굴 때 사용된다. 단단함을 견뎌야 하기 때문에 강도 높은 강철이나 최근에는 스테인리스, 텅스텐 등의 철을 사용하고 무게가 상당하다.

식물 심기에 사용하는 연장

흙 일구기가 다 끝났다면 이제는 식물을 심는 일이 남게 된다. 식물 심기는 정원 일 가운데 가장 많이 하게 되는 일 중에 하나여서 좀 더 효과적인 연장이 필요하다. 나무의 경우는 구덩이를 미리 파야 하기 때문에 앞서 언급한 삽들이 꼭 필요하다. 우선 삽으로 심어야 할 식물의 뿌리 크기 1.5배로 구덩이를 판 다음, 바닥에 퇴비를 넣어주고 식물을 넣은 뒤 흙으로 덮어주면 된다.

초본식물처럼 크기가 1미터 미만이면서 연약한 식물의 경우는 대부분 무릎을 꿇고 앉아서 작은 구멍을 내고 식물을 심어주어야 한다. 작은 구덩이를 파는 용도로는 손에 꼭 잡히는 모종삽(hand trowel)을 사용한다. 만약 흙이 단단하다면 작은 손쇠스랑(hand fork)으로 흙을 판 뒤 식물을 심는 것이 좋다. 이때 정원사는 쪼그려 앉기보다는 가볍게 무릎을 땅에 꿇어주면서 허리를 똑바로 펴는 자세가 가장 좋다. 그래서 서양에서는 무릎이 땅에 닿았을 때 손상을 막을 수 있도록 하는 무릎 패드(knee pad)가 발달돼 있다.

알뿌리인 구근식물을 심을 때는 알뿌리 크기의 3배 혹은 4배 깊이로 묻어야 하는데, 이때 호미나 삽을 이용하면, 주변 면적이 너무 커진다. 이를 극복하기 위해서 서양에서는 구근식물 심기 전용 삽이 개발되어 있다. 우리나라에서는 콩이나 팥 등을 심을 때

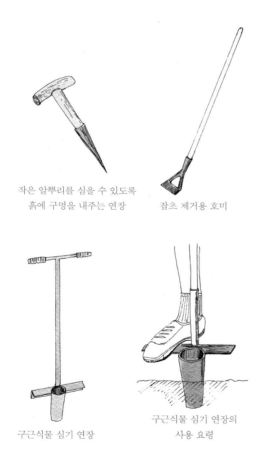

작은 알뿌리를 심을 수 있도록 흙에 구멍을 내주는 연장

잡초 제거용 호미

구근식물 심기 연장

구근식물 심기 연장의 사용 요령

구근이 들어갈 수 있도록 흙에 구멍을 내는 데 쓰이는 연장. 서서 밑으로 밟아주면 둥근 원통이 땅속 깊이 박히고, 원통 안으로 들어온 흙을 그대로 들어올리면 구멍이 생겨 이 자리에 구근을 심을 수 있다.

사용되는 농기구가 이미 개발되어 있기도 하다.

가지치기에 사용하는 연장

가지치기는 필요에 의해 식물의 가지를 잘라내는 행위로 크게는 병충해의 공격을 받은 가지를 잘라내거나 혹은 식물의 균형잡힌 형태를 잡고, 또 덩굴식물의 경우는 올바르게 타오를 수 있는 방향을 잡기 위해 실시된다. 일의 특성상 가지치기는 가위가 주요 연장으로 사용되는데 하나의 가위로 모든 나무의 가지를 다 잘라줄 수는 없다. 흔히 전지가위라고 불리는 가위도 그 모양과 크기가 매우 다양하다.

잔나뭇가지를 자를 때에는 끝이 뾰족한 작은 가위로도 충분하지만, 새끼손가락 굵기를 넘어서는 가지에는 가위의 힘찬 지렛대 역할이 필요하기 때문에 새의 부리처럼 구부러진 좀 더 크고 힘이 강한 전지가위를 사용한다. 또 엄지손가락 굵기를 넘어서는 더 큰 가지의 경우는 양손으로 잡아 사용하는 긴 손잡이의 전지가위가 필요하다. 가지의 굵기가 지름 3센티미터 이상으로 커질 경우에는 아예 전지가위 대신 톱을 이용하는 것이 바람직하다.

전지가위의 생명은 무엇보다 날카로운 날을 유지하는 데 있다. 사용이 끝난 뒤에는 날

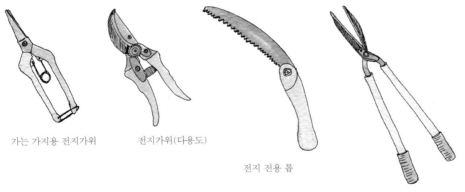

가는 가지용 전지가위   전지가위(다용도)

전지 전용 톱

키가 큰 가지용 전지가위

전지가위는 정원 연장 중 가장 비싼 가격의 물품 중 하나다. 베테랑 정원사의 경우는 자신의 전지가위를 절대 다른 사람에게 빌려주지도 않을 정도로 애지중지한다. 요즘 전지가위는 여성용/남성용, 오른손잡이용/왼손잡이용으로도 특성화되고 있어서 내 손에 꼭 맞는 크기와 형태를 고르기 용이하다. 또 전지가위의 품질이 매우 뛰어나서 관리만 잘한다면 평생 동안 정 들여 사용할 수 있다.

에 손상된 곳이 없는지 확인하고, 날이 무뎌진 경우에는 날을 갈아주고 기름칠을 해주는 것이 꼭 필요하다. 정원에서는 전지가위나 기타 연장을 손질하는 일을 주로 비 오는 날에 정기적으로 하게 된다.

물 주기 연장

식물에게 물을 주는 일은 정원에서 하루도 빠짐없이 일어나는 일이다. 그만큼 제대로 된 물 주기 연장을 사용하는 일이 중요하다.

대부분의 식물은 흩뿌리듯 식물 전체에 물 주는 것을 그다지 좋아하지 않는다. 뿌리가 위치해 있는 땅에 정확하게 물을 주는 경우가 훨씬 더 물의 양을 줄이면서도 효과적인 방법이다. 보조 수단으로 식물 옆에 페트병의 입구를 잘라(혹은 작은 플라스틱 화분을 심어) 땅속에 꽂아주고 여기에 물을 부어주기도 한다.

나무의 경우는 물을 굳이 별도로 줄 필요는 없지만, 새로 심은 나무라면 한동안은 말 그대로 '듬뿍 물 주기'가 필요하다. 이럴 때에는 나무의 뿌리 주변으로 동그랗게 둔덕을 만들고 이 안에 호스를 이용해 흘러넘칠 정도로 물을 부어준다. 그다음 이 물이 다 땅속 으로 스며들 때까지 그대로 내버려두면 된다.

흔히 로즈라고 불리는 가는 물줄기가 나오는 마개를 부착한 물뿌리개는 상추, 치커리 등 잎이 부드러운 식물의 물 주기에 적합하다.

정원에서 가장 많은 물을 필요로 하는 곳은 주로 잔디밭인데 넓이가 광범위할 때에는

로즈 마개가 달린 물뿌리개   원형 물뿌리개   페트병을 활용한 물 절약 방법

물 부족 현상과 함께 정원에서의 무분별한 물 사용도 심각한 문제로 서서히 부각되고 있다. 효과적으로 물의 양을 줄이면 서 식물을 건강하게 자라게 할 수 있는 다양한 물 주기 방법의 개발이 필요하다.

오가든스에서 만든 정원용 연장 보관 진열대의 모습. 정원 연장은 그 자체로 패션의 아이템이 되어준다. 더욱더 아름답고 기능적인 정원 용품, 연장의 개발이 기대된다.

호스나 물뿌리개만으로는 충분치 않다. 이럴 때 스프링클러를 이용하는 것도 좋은데 이때에도 타이머를 이용해 장시간 지나친 물 낭비가 일어나지 않도록 주의해야 한다.

실내식물의 경우는 주둥이가 길쭉한 주전자 모양의 물뿌리개가 적합하다. 실내에서는 자칫 물 주기가 잘못되면 화분을 벗어나 바닥까지 적실 수 있어서 길쭉하고 뾰족한 물뿌리개로 정확하게 식물의 뿌리 부분에, 넘치지 않도록 주어야 한다.

실내식물 중 특히 열대우림이 자생지인 식물은 잎이 마르지 않도록 분무기를 이용해 잎을 적셔주는 것이 좋다.

잡초 제거 연장

아름답고 정갈한 정원을 만드는 데 최대 걸림돌 중 하나는 잡초다. 잡초는 아무리 완전히 제거하려 해도 쉽게 사라지지 않고 끝까지 정원사의 발목을 붙잡고 괴롭힌다. 이럴 때 다양한 잡초 제거 연장이 필요하다.

일반적으로 해를 거듭해 뿌리가 나오는 다년생 잡초는 삽을 이용해 뿌리까지 온전히 떼어내는 것이 좋다. 1년생 잡초의 경우는 씨로 번지기 때문에 그 양이 무척 많고 성장 속도도 빠르지만, 한 해만 살기 때문에 올해 실패했다면 내년을 기약할 수도 있다.

잡초 제거는 타이밍이 중요하다. 일반적으로 잡초는 봄과 여름에 정기적인 호미질로

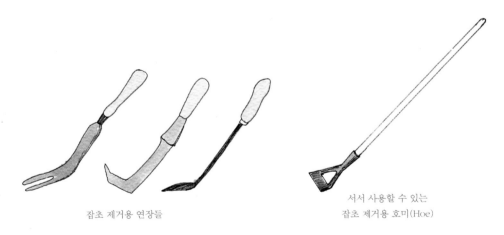

잡초 제거용 연장들

서서 사용할 수 있는
잡초 제거용 호미(Hoe)

잡초를 제거할 수 있는 연장은 기능성이 매우 중요하다. 쉽게 뽑히지 않고 강한 뿌리를 잘 제거할 수 있는 정원 연장의 개발이 우리에게도 꼭 필요하다.

정원사에게 작업실은 서재이면서 일터이다. 각종 씨앗과 연장이 함께하는 정원사의 작업실 디자인에 대한 관심이 최근 급격히 높아지고 있다.

제거해주는 것이 가장 좋다. 초봄부터 초여름까지 매우 열심히 잡초 제거에 노력을 기울어야 한다. 이때는 잡초의 번식도 생각보다 많지 않고 성장 속도도 조금은 둔하기 때문에 이 시기를 놓치지 말고 웬만한 잡초는 다 잡아주는 것이 좋다. 여름이 되어 이미 번진 잡초가 무성해지면 그해 잡초 관리는 실패했다고 보아야 한다. 강해진 잡초는 주변 식물 크기를 웃돌고 그 뿌리 역시 단단해져 쉽게 제거되질 않는다.

잡초 제거 시 보통 우리는 쪼그려 앉아서 쓰는 손호미를 주로 쓰는데, 여름의 경우 땅에서 올라오는 복사열을 직접 받게 되어 피곤이 극심해질 뿐 아니라 쪼그려 앉아서 일하는 것이 다른 어떤 작업보다 힘들다. 때문에 서양에서는 서서 쓸 수 있는 잡초 제거용 호미를 별도로 만들어 사용한다. 우리의 경우는 이 연장이 보편화되지 않았지만 잡초 제거에 효과가 큰 만큼 우리나라에도 비슷한 연장의 개발이 필수적이라는 생각이 든다.

생울타리 깎아주기 연장

생울타리는 촘촘한 잎을 지닌 식물을 바짝 붙여 심어 일종의 담이나 울타리 역할을 하도록 만든 식물들을 말한다. 일반적으로 벽돌이나 시멘트 등으로 담장을 만들었다면 매번 깎아 줄 일이 없겠지만, 생울타리의 경우는 적어도 1년에 한 번 혹은 성장이 빠른 주목이나 쥐똥나무라면 1년에 두 차례 정도의 깎아주기가 필요하다. 일반적으로 가지를 자르는 가지치기의 경우는 자른다는 표현을 쓰지만 생울타리의 경우는 자르다가 아니라 '밀어준다'라는 표현이 더 적합하다. 그 이유는 마치 남성들의 머리를 바리캉으로 밀듯 생울타리의 키와 몸집을 매우 정갈하게 밀어주며 다듬어야 하기 때문이다.

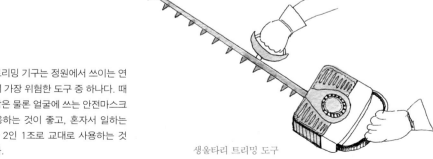

전동식 트리밍 기구는 정원에서 쓰이는 연장 가운데 가장 위험한 도구 중 하나다. 때문에 장갑은 물론 얼굴에 쓰는 안전마스크 등을 착용하는 것이 좋고, 혼자서 일하는 것보다는 2인 1조로 교대로 사용하는 것을 권한다.

생울타리 트리밍 도구

생울타리는 가위를 이용해 깎아줄 수도 있지만 그 면적이 제법 넓다면 시간이 너무 오래 걸리고 힘겨울 수밖에 없다. 이럴 때 흔히 전동 톱과 비슷하게 생긴 '트리밍'이라는 기계를 사용한다. 트리밍 기계는 일반적으로 휘발유로 작동되는데 최근에는 전기를 이용한 제품도 나와 있다. 단, 이 기계를 사용할 때는 반드시 두터운 가죽장갑과 팔목 보호대, 그리고 눈에 잔가지가 튀길 때를 대비해서 안면을 투명하게 가려주는 가리개가 필수적이다. 아무리 작은 정원이라고 해도 정원에서 쓰이는 연장은 자칫 잘못 쓰러지거나 사람을 덮쳤을 경우, 큰 사고로 이어지는 경우가 많다. 때문에 안전장치에 대해서는 각별히 신경 써야 한다.

잔디깎기와 가장자리 정리하기 연장

만약 잔디 깎는 기계가 발명되지 않았다면 잔디밭의 생명이 이렇게 길게 정원의 역사 속에 남아 있지는 않았을 것이다. 너른 잔디에서 파티를 열거나 스포츠 경기를 즐겼던 영국인들은 잔디밭에 대한 애착이 누구보다 강했다. 19세기 이전에는 수백 평에 달하는 잔디밭을 일일이 가위를 들고 사람 손으로 깎을 수밖에 없었지만, 잔디 깎는 기계가 발명된 후 정원에는 일대 혁명이 일어났다.

잔디 깎는 연장은 작은 면적이라면 가위로 충분하다. 그러나 면적이 커질 경우에는 전동식 잔디깎기가 필요하다. 전동식 잔디깎기는 용량 면에서 손잡이를 눌러서 사용하는 작은 크기의 기계와 타고 다니면서 잔디를 밀어주는 대용량 기계로 나뉜다. 그리고 기계 내부 칼날의 작동방식에 따라 크게 실린더 타입과 로터리 타입으로 나눌 수 있다. 실린더 타입은 한 방향으로 잔디를 밀어주는 방식이고 로터리 타입은 둥글게 원을 그리며 잔디를 밀어주는 방식이다.

실린더 타입(cylinder type)의 잔디깎기
스포츠를 위한 잔디구장에 주로 이용되는 기계다. 실린더 형태의 칼날이 돌아가서면서 마치 가위로 자르는 것처럼 잔디를 아주 짧고, 곱게 깎는다. 특히 축구 중계를 보게 되면 잔디의 색상이 한 줄은 진하고 한 줄은 연해서 마치 줄무늬를 일부러 만들어낸 것처럼 보이는데, 이 효과가 나타나는 이유가 바로 실린더 타입의 잔디 깎는 기계를 사용했기 때문이다.

정원 일에는 각종 연장과 도구와 특별한 옷차림이 필요하다. 그런데 이런 용품들이 단순한 기능 추구에서 벗어나 패션 디자인 룩으로 거듭나면서 새로운 시장이 개척되고 있다. 단순한 연장이 아니라 아름다운 장식이 되는 연장, 아름다운 정원용 옷차림과 용품의 문화가 우리에게도 곧 다가오지 않을까, 기대된다.

로터리 타입(rotary type)의 잔디깎기

칼날이 돌면서 잔디를 깎기 때문에 특별한 기어를 장착하지 않으면 줄무늬 효과를 내기 힘들다. 실린더 타입만큼 짧고 곱게 잔디를 깎을 수는 없지만 지면이 울퉁불퉁 고르지 않은 곳에서도 쉽게 이용 가능하고, 고장이 적어 일반 가정집 정원에 더 적합한 것으로 알려져 있다.

잔디 가장자리 정리 연장

잔디밭의 가장자리는 지저분해질 수밖에 없다. 성장을 지속하고 싶은 잔디는 줄기를 뻗어 좀 더 넓은 영역을 확보하기 위해 경계선을 넘는다. 이럴 때 'ㄴ'자 모양으로 꺾인 서서 쓰는 가위나, 반달 모양으로 날이 날카로운 연장을 사용하면 깔끔하게 잔디의 가장자리를 정리할 수 있다.

'ㄴ'자형 잔디 가장자리   반달형 잔디 가장자리
정리 가위   정리 삽

그 외 정원사에게 필요한 용품들

정원에 필요한 연장과 용품들의 개발은 지금도 활발하다. 영국의 경우 정원 용품 시장이 해마다 10퍼센트 신장되고 있는 추세인데, 최근 열악했던 경제 상황을 고려하면 엄청난 성장이 아닐 수 없다. 우리나라의 경우도 정원에 대한 관심이 많아지면서 자연스럽게 정원 용품 시장을 찾는 사람들이 많아졌다. 특히 정원 용품이 단순한 기능성 기구를 넘어 패션의 아이콘으로 자리 잡으면서 고급스러운 시장 개척이 활발해지고 있다.

역사적으로 봤을 때는 20세기 초를 기점으로 정원을 이용하고 즐기는 성별이 남성에서 여성으로 바뀌는 일이 일어났다. 그전까지는 정원의 영역이 정치적, 사회적 모임의 장소로 주로 가문을 대표하는 남성들에 의해 주도되었다. 하지만 20세기 거트루드 지킬(Gertrude Jekyll, 1843~1932)이라는 여성

정원용 연장을 보관하는 오두막집은 정원을 관리하는 데 꼭 필요한 공간이면서 그 소박한 멋으로 정원의 운치를 더해준다.

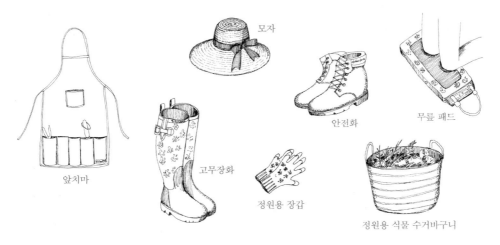

모자

안전화

무릎 패드

앞치마

고무장화

정원용 장갑

정원용 식물 수거바구니

정원 소품은 이제 그 기능을 넘어 패션의 아이템으로 급성장하고 있다. 특히 여성 정원사를 위한 예쁜 디자인의 발달이 눈부시고, 시장의 규모도 급격히 확장되고 있다.

가든 디자이너의 등장과 함께 이른바 화려한 꽃의 정원이 나타났고, 또 사회적으로 여성의 지위가 높아지면서 정원의 역사 속에 여성의 위치가 뚜렷해졌다. 이 사건은 정원산업에서도 매우 큰 변화를 일으켜서 나무보다는 꽃을 좋아하는 섬세한 여성의 시각이 원예의 발달을 이끌고, 아름다움을 중시하는 여성의 감각이 패셔너블한 정원용 장갑, 앞치마, 연장 케이스, 장식이 화려한 연장, 손수레 등의 용품 시장을 확대시키는 원동력이 되었다.

현재는 가든 패션이라는 영역으로 모자에서 점퍼, 치마, 부츠, 가방에 이르기까지 새로운 패션의 영역으로 확장되고 있는 중이기도 하다.

잃어버린 것을 찾아서

우리의 정원 문화는 매우 독특하다. 우리조차도 한쪽에서는 우리에게 정원은 없었다고 한다. 그리고 다른 한쪽에서는 우리만큼 깊은 정원 문화를 즐긴 사람이 있겠냐고 정색도 한다. 우리의 경우, 내 집 안에 인위적인 식물 심기를 하지 않으려 했다. 심지어 주거지 안에 정원을 만들기보다는 산과 계곡을 찾아 마땅한 정자를 짓고 그 안에서 주변의 자연을 바라봄이 정원 즐거움의 최고라 여겼다. 서양의 경우, 단단한 울타리를 치고 그 안에 집주인이 꿈꾸는 이상향을 만들기 위해 온갖 창의적 발상을 총동원했던 상황과는 매우 다르다.

정원 대신 우리는 '마당'을 만들었다. 텅 빈 마당은 보자기처럼 펼치면 아무것도 없지만 무엇을 담으면 그때마다 색다른 장소로 탈바꿈했다. 그것이 때론 곡식을 말리는 장소로, 집안 잔치를 준비하는 일터, 또 관혼상제를 치르는 너른 모임의 장소로 너무 쉽게 변신이 가능했다. 게다가 우리에게는 엄두가 안 나는 높고 가파른 산이 아니라 참으로 만만한 언덕보다 조금 높은 앞산과 뒷산이 국토의 70퍼센트 이상이다. 그러니 산과 계곡 사이에 집을 짓는 일은 당연했고, 여기에서 바로 바람의 방향과 물의 흐름을 읽는 풍수가 발달한 셈이다. 이 완벽한 산과 계곡의 아름다움이 있는데 굳이 인간의 것을 고집할 이유가 없다. 그저 내 집 담장의 높이만 낮추면 될 일이었다.

텅 빈 마당에 아무것도 심지 않았던 우리에게는 서양인들이 즐겼던 원예의 즐거움은 애당초 없었던 것일까? 그건 아닐 듯싶다. 분명 우리가 즐겼던 또 다른 차원의 원예가 있다. 우리의 유전자 속에 흐르고 있는 '농자천하지대본'. 농사는 분명 식물을 키우는 일이다. 단순히 관상의 목적만이 아니라 여기에 수확이라는 이중의 즐거움을 즐겼다고 보는 편이 맞을 것이다. 그 증거를 텃밭에서 찾을 수 있다. 단순히 콩, 감자, 고구마, 상추만 심으면 될 일을 주변에 채송화, 맨드라미, 제비꽃을 심었고, 박넝쿨은 초가지붕에 올려 달빛을 받아 밤이면 더욱 빛이 났다. 키도 닿지 않는 지붕에 박넝쿨을 올린 이유를 단순히 지지대를 만들 줄 몰라서였다고 말하기는 곤란할 듯하다.

지금의 우리는 저울의 추가 한쪽으로 급격히 기울어져 있다. 농사의 즐거움을 잊은 지 오래고, 산과 계곡을 바라보던 기쁨도 누릴 수 없다. 하지만 우리의 유전자에는 식물을 귀하게 여기며 잘 키워왔던 본성이 있다. 그 식물이 곡물이 되면 농사고, 나무와 풀이라면 원예가 된다. 물론 농사에서 원예의 눈높이로의 전환에는 아직 많은 시간과 노력이 필요할 테지만, 우리의 잃어버린 한쪽 무게를 되찾는 일은 어쩌면 우리 곁에 식물을 가까이하는 일로부터 시작되지 않을까. 그러니 두려워하지 말고 작은 것부터 하나씩 시작해보자.

사실 이 책은 유럽에서 내가 익힌 원예의 노하우에 기초를 두고 있다. 그래서 한국의 가드닝 환경과 상황에 대한 배려가 조금은 부족할 수 있다. 변명을 하자면, 안타깝게도 아직은 우리나라에 농사가 아닌 원예의 문화와 그 선행 사례를 만나기 어려웠던 때문이다. 내가 꿈꾸는 정원을 나 역시도 아직 만들지 못하고 있다. 그러나 세월이 몇 년쯤 더 흘러 내가 직접 이 땅에 실행해본 우리 몸에 맞는 안성맞춤형의 정원 노하우를 담아낸 또 한 권의 책을 펴낼 수 있기를 꿈꿔본다.

끝으로 원고를 살펴봐주고 책의 추천사를 쾌히 승낙해준 '여성시대' 진행자 양희은 선생님, MBC '성경섭이 만난 사람들'의 인터뷰 인연으로 알게 된 성경섭 위원님, 영남대학교 조경학과 김용식 교수님, 아침고요식물원 이영자 원장님과, 이 책의 모태가 된 칼럼 연재를 처음 제안해준 네이버캐스트 그리고 새롭게 내용을 가감하며 예쁜 책으로 엮어준 궁리 출판에 감사의 말씀을 전한다.

도판출처

·········

본문 사진 |

ⓒ 임종기 : 12쪽, 15쪽, 16쪽, 20-21쪽, 22쪽, 23쪽, 25쪽, 26-27쪽, 28-29쪽, 32쪽, 34쪽, 36쪽, 39쪽, 42쪽, 45쪽, 46-47쪽, 49쪽, 50쪽, 53쪽, 54쪽, 56쪽, 57쪽, 58-59쪽, 60쪽, 62쪽, 63쪽, 66쪽, 68쪽, 69쪽, 70쪽, 71쪽, 75쪽, 77쪽, 79쪽, 80쪽, 84-85쪽, 86쪽, 88쪽, 90쪽, 93쪽, 94쪽, 96쪽, 98쪽, 104쪽, 105쪽, 108쪽, 113쪽, 114쪽, 116-117쪽, 118쪽, 121쪽, 124쪽, 126쪽, 128쪽, 129쪽, 130-131쪽, 133쪽, 134쪽, 137쪽, 140쪽, 144쪽, 147쪽, 150쪽, 153쪽, 154-155쪽, 156쪽, 159쪽, 160쪽, 162쪽, 163쪽, 166-167쪽, 168쪽, 170쪽, 173쪽, 174쪽, 176쪽, 177쪽, 178쪽, 180-181쪽, 182쪽, 184쪽, 186쪽, 187쪽, 189쪽, 190-191쪽, 196쪽, 198쪽, 199쪽, 201쪽, 202-203쪽, 204쪽, 208쪽, 210쪽, 212쪽, 216쪽, 218쪽, 222-223쪽, 224쪽, 226쪽, 229쪽, 230쪽, 232쪽, 233쪽, 234-235쪽, 238쪽, 241쪽, 246쪽, 249쪽, 250쪽, 253쪽, 254쪽, 255쪽, 258쪽, 260쪽, 262쪽, 266-267쪽, 268쪽, 271쪽, 272쪽, 274쪽, 275쪽, 276쪽, 277쪽, 278쪽, 280-281쪽, 283쪽, 284쪽, 286쪽, 288쪽, 289쪽, 290-291쪽, 292쪽, 294쪽, 296쪽, 300-301쪽, 305쪽, 306쪽, 310-311쪽.

ⓒ 이온규 : 38쪽(고구마꽃).

ⓒ Anton-Burakov/shutterstock.com : 38쪽(가지꽃).

ⓒ Jill Lang/Dreamstime.com : 142쪽.

ⓒ Ksena2009/Dreamstime.com : 38쪽(감자꽃).

(cc) Fir0002 at en.wikipedia.org : 148쪽.

본문 그림 |

ⓒ 오경아 : 207쪽, 208쪽, 228쪽, 298쪽, 299쪽, 302쪽, 303쪽, 304쪽, 307쪽, 308쪽, 312쪽, 313쪽.
ⓒ 임형빈 : 37쪽, 74쪽, 83쪽, 89쪽, 103쪽, 111쪽, 112쪽, 119쪽, 138쪽, 139쪽, 145쪽, 146쪽, 157쪽, 158쪽, 195쪽, 242쪽, 243쪽, 244쪽, 245쪽.

참고문헌

....

- Beth Chatto, *Beth Chatto's Gravel Garden: Drought-resistant planting through the year*, London: Frances Lincoln, 2000.
- Diana Yakeley, *Indoor Garden*, London: Anness Publishing Limited, 2008.
- Dr. D. G. Hessayon, *The House Plant Expert*, London: Transworld Pubulishers, 2004.
- Guy Barter(Editor-in-Chief), *Learn to Green: A Complete introduction to gardening*, London: DK, 2005.
- Ken Thompson, *Compost the natural way to make food for your garden*, London: DK, 2007.
- Leslie Geddes-Brown, *The Water Garden*, London: Merrell. 2008.
- Liz Dobbs, *Tools for gardeners*, London: Jacqui Small, 2002.
- Sara Townsed & Roanne Robbins, *Continuous Container Garden: swap in the plants of the season to create fresh designs year-round*, Boston: Storey Publishing, 2010.
- Tom Turner, *Garden History: philosophy and design 2000 BC-2000 AD*, London: Spon Press, 2005.

찾아보기

....

가든 디자이너 오경아가 안내하는 정원의 모든 것!

◇◇◇◇◇◇◇◇◇◇◇◇◇◇

품고 있으면 정원이 '되는' 책!
〈오경아의 정원학교 시리즈〉

❋ 가든 디자인의 A to Z

정원을 어떻게 디자인할 수 있는
가? 정원에 관심이 있는 일반인은
물론 전문적으로 가든 디자인에
입문하려는 이들에게 꼭 필요한,
가든 디자인 노하우를 알기 쉽게
배울 수 있다.

정원의 발견 식물 원예의 기초부터 정원 만들기까지
올컬러(양장) | 185·245mm | 324쪽 | 27,000원

가든 디자인의 발견 거트루드 지킬부터 모네까지
유럽 최고의 정원을 만든 가든 디자이너들의 세계
올컬러(양장) | 185·245mm | 356쪽 | 30,000원

식물 디자인의 발견
계절별 정원식물 스타일링 | 초본식물편 |
올컬러(양장) | 135·200mm | 344쪽 | 20,000원

❋ 정원의 속삭임

작가 오경아가 들려주는 생각보
다 가까이 있는 정원 이야기로
읽는 것만으로도 힐링이 되는 초
록 이야기를 들려준다.

정원의 기억 가든디자이너 오경아가 들려주는 정원인문기행
올컬러(무선) | 145·210mm | 332쪽 | 20,000원

시골의 발견 가든 디자이너 오경아가 안내하는
도시보다 세련되고 질 높은 시골생활 배우기
올컬러(무선) | 165·230mm | 332쪽 | 18,000원

정원생활자 크리에이티브한 일상을 위한 178가지 정원 이야기
올컬러(무선) | 135·198mm | 388쪽 | 18,000원

정원생활자의 열두 달 그림으로 배우는 실내외 가드닝 수업
올컬러(양장) | 220·180mm | 264쪽 | 20,000원

소박한 정원 꿈꾸는 정원사의 사계
145·215mm | 280쪽 | 15,000원